肉鸡
标准化养殖
操作手册

畜禽标准化生产流程管理丛书

丛书主编　　印遇龙　　武深树

主　　编　　贺晓霞　　唐　炳　　郑四清

副 主 编　　杨彩霞　　孟可爱　李燕清

编　　者　　罗　鹏　　黄从菊　张朝廷　刘静华

　　　　　　姚　璐　　曹　钧　李万军　贺小俊

　　　　　　李　微

U0325206

CTS K 湖南科学技术出版社

图书在版编目（ＣＩＰ）数据

肉鸡标准化养殖操作手册 / 贺晓霞，唐炳，郑四清主编. —长沙：湖南科学技术出版社，2021.5
　（畜禽标准化生产流程管理丛书）
　ISBN 978-7-5710-0433-0

　Ⅰ．①肉… Ⅱ．①贺… ②唐… ③郑… Ⅲ．①肉用鸡—饲养管理—标准化—技术手册 Ⅳ．①S831.4-65

中国版本图书馆 CIP 数据核字(2019)第 275441 号

畜禽标准化生产流程管理丛书
ROUJI BIAOZHUNHUA YANGZHI CAOZUO SHOUCE
肉鸡标准化养殖操作手册
著　　者：贺晓霞　唐　炳　郑四清
责任编辑：李　丹
出版发行：湖南科学技术出版社
社　　址：长沙市湘雅路 276 号
　　　　　http://www.hnstp.com
邮购联系：本社直销科 0731-84375808
印　　刷：长沙市宏发印刷有限公司
　　　　　（印装质量问题请直接与本厂联系）
厂　　址：长沙市开福区捞刀河大星村 343 号
邮　　编：410000
版　　次：2021 年 5 月第 1 版
印　　次：2021 年 5 月第 1 次印刷
开　　本：710mm×1000mm　1/16
印　　张：12
字　　数：192 千字
书　　号：ISBN 978-7-5710-0433-0
定　　价：28.00 元
　（版权所有·翻印必究）

前　言

　　中国共产党十九大报告明确提出当前中国社会主要矛盾是人民日益增长的美好生活需要和不平衡、不充分发展之间的矛盾。美好生活需要的实质就是全面提升生活水平、生活质量，而生活水平和质量提高的最基本标志是每天都有足够的膳食结构合理的食物。发达国家的历史已经证明，大力发展养鸡生产，科学提高鸡肉、鸡蛋品质并促进消费，是改善膳食结构最直接快捷的途径。面对席卷全国的非洲猪瘟疫情，全面发展、科学推进养鸡生产特别是肉鸡生产意义更加重大。

　　我国是世界上养禽历史最悠久的国家，也是肉鸡生产和消费大国，仅次于美国，居世界第二位。但我国的现代肉鸡养殖业起步较晚，在鸡舍及硬件建设（特别是设施化程度）、生产性能（不论是在饲料转内化率，还是日增重、成活率）和深加工比重、人均占有量和消费量、养殖废弃物综合处理等方面与其他国家都有十分明显的差距。

　　为了迎头赶上国际上发达的肉鸡养殖水平，顺应畜牧业的总体发展趋势，确保动物类食品的安全供应，针对我国肉鸡养殖过程中存在的问题和差距，湖南科学技术出版社组织了长期在科研、生产一线的专家学者编写了本书。本书从肉鸡养殖场的选址与建设、肉鸡养殖饲料营养管理流程、肉鸡品种选择的标准化操作、肉鸡饲养管理操作流程、肉鸡场设施设备操作流程、肉鸡场疫病防控与废弃物处理操作流程、肉鸡场生产经营管理与加工销售操作流程等七个方面系统地介绍了标准化、规模化肉鸡生产管理的操作流程，希望能够对读者有一定的帮助。本书注重理论与实践相结合，可操作性强，是肉鸡养殖场（户）的生产管理人员、基层技术人员的可靠性读物，也可供相关专业的院校师生和相关科研人员参阅。

　　由于水平和见识的限制，书中肯定会存在不足之处，敬请广大读者批评指正。

编　者

2021 年 1 月

目　　录

第一章　肉鸡养殖场的选址与建设

第一节　肉鸡场科学选址操作流程

我国的肉鸡规模养殖兴起于 20 世纪 80 年代中后期，一直以来是以家庭副业定位的，没有标准、没有示范、缺乏专业化。在 30 余年的快速发展中，养殖户不断摸索，规模日益扩大（从 300 只、500 只发展到几千只甚至几万只）；模式不断翻新（散养、平养、网养、笼养；从开放、半开放鸡舍到半封闭、全封闭鸡舍）；设备日趋机械化和自动化（从刚开始时盆盆罐罐到自动水线、料线，从自然通风到机械通风，从自然光照到人工光照，从人工操作过渡到半自动或全自动操作）。目前小规模散养户正在走下坡路，规模化养殖方兴未艾，专业化得到重视。

一、肉鸡场选址的法律要求

1. 选址必须符合《中华人民共和国畜牧法》第 40 条、国务院《畜禽规模养殖污染防治条例》第 11 条和农业农村部、生态环境部 2016 年 10 月 24 日公布的《畜禽养殖禁养区划定技术指南》的要求。

（1）饮用水水源保护区。一级保护区内禁止建设养殖场。二级保护区内禁止建设有污染物排放的养殖场（注：畜禽粪便、养殖废水、沼渣、沼液等经过无害化处理用作肥料还田，符合法律法规要求以及国家和地方相关标准不造成环境污染的，不属于排放污染物）。

（2）自然保护区。包括国家级和地方级自然保护区的核心区和缓冲区，按照各级人民政府公布的自然保护区范围执行。自然保护区核心区和缓冲区范围内，禁止建设养殖场。

（3）风景名胜区。包括国家级和省级风景名胜区，以国务院及省级人民政府批准公布的名单为准，选址按照其规划确定的标准执行。其中，风景名胜区的核心景区禁止建设养殖场；其他区域禁止建设有污染物排放的养殖场。

（4）城镇居民区和文化教育科学研究区。根据城镇现行总体规划，动物防疫条件、卫生防护和环境保护要求等，因地制宜，兼顾城镇发展，科学设置边界范围。边界范围内，禁止建设养殖场。

（5）当地县级以上人民政府依法划定公布的其他畜禽规模养殖禁养区和限养区都不得选址为新建规模肉鸡养殖场的规划建设区。

2. 选址必须符合《中华人民共和国动物防疫法》第十九条的要求。

新建肉鸡养殖场的规划区与居民生活区、生活饮用水源地、学校、医院等公共场所的距离应符合国务院兽医主管部门规定的标准。

3. 选址必须不得违反《中华人民共和国刑法》第三百四十二条的相关规定。法律规定：违反土地管理法规，非法占用耕地、林地、草地、农田水利用地、养殖水面等农用地，改变被占用土地用途，数量较大，造成耕地、林地等农用地大量毁坏的，处五年以下有期徒刑或者拘役，并处或者单处罚金。林地主要包括郁闭度 0.2 以上的乔木林地以及竹林地、灌木林地、疏林地、采伐迹地、火烧迹地、未成林造林地、苗圃地和县级以上人民政府规划的宜林地。"非法占用耕地、林地等农用地"是指违反土地利用总体规划或计划，未经批准或骗取批准擅自将耕地改为建设用地或者作其他用途，或者擅自占用林地进行建设或者开垦林地进行种植、养殖以及实施采石、采砂等活动。"改变被占用土地用途"是指未经依法办理农用地转用批准手续，土地征用、占用审批手续，非法占用耕地、林地、草地等农用地，在被占用的农用地上从事建设、采矿、养殖等活动，改变土地利用总体规划规定的农用地的原用途。

因此，肉鸡养殖场在选址时必须向当地的国土、林业部门查询是否属耕地或林地，如需占用，必须先取得使用的合法审批手续，不得违法占用耕地和林地，以免触碰法律的底线而构成犯罪。近些年，个别畜禽养殖场业主在养殖场新建或改扩建时因对相关法律法规的无知而造成违法犯罪的案件偶有发生，应吸取深刻教训。

二、肉鸡场选址的环境要求

1. 建设肉鸡场的周边环境应符合国家标准《农产品安全质量　无公害畜禽肉产地环境要求》（GB/T18407.3—2001）。必须选择生态环境良好、无或不直接受工业"三废"及农业、城镇生活、医疗废弃物污染的区域，至少在养殖区周围 500 米范围内及水源上游没有上述污染源。

2. 不宜选在化工厂、屠宰厂、制革厂等容易造成环境污染的企业的下风处或附近。

3. 气候环境好。要向当地气象部门详细了解本地区最近 5～10 年内平均气温、绝对最高气温和绝对最低气温、土层冻结深度、平均降雨量、最大风力、常年主要风向、各月份日照时数。所在地详细的气象资料有助于规划设计和组织生产。

4. 环境应安静。肉鸡生性胆小易惊，高分贝的爆发声音容易造成肉鸡应激炸群而影响生产性能，因此肉鸡场周边的环境应安静，具备绿化、美化条件，建成后应无噪声干扰或干扰轻。采用果树林中间建鸡场或在鸡场周围栽种林果带，可有效改善鸡场环境。

三、肉鸡场选址的生产便利要求

1. 用电便利。因为现代化的集约化肉鸡场生产耗电比较大，对停电比较敏感，电力供应是否充足、稳定也是养鸡场选址必须考虑的条件之一。孵化、育雏、饲料加工生产，自动化供料、饮水、清粪和人工照明以至采暖、通风换气等均需要稳定可靠的电力供应保障，所以必须具备三相电源，供电稳定，最好具备双路供电条件。设施化程度比较高的规模肉鸡场还得具备独立的变压器和配电房。充足稳定的电力供应很重要，电力供应不足或停电，夏天就难以实施人工通风降温措施、冬天就不好采取用电取暖保温，从而影响肉鸡场的正常生产活动。

2. 用水便利。肉鸡场用水量大，在饲养生产过程中，鸡群的饮水、鸡舍和用具的清洗消毒、员工生活与场区绿化的需要等都要消耗大量的水。一个规模为 10 万只的肉鸡场，每日肉鸡饮水需要 40 吨左右，其他用水近100 吨。所以，建造一个肉鸡场必须有可靠的水源保障。
水源应符合以下要求：

（1）水量充足。水源最好为自来水，如无自来水，则要选在地下水资源丰富、适合打井的地方。肉鸡场有各种生产生活用水，应保障水量充足，并应考虑防火等因素。

（2）水质良好，不经处理即能符合饮水标准的水最为理想。水的 pH 值不能过酸或过碱，即 pH 值不能低于 4.6，不能高于 8.2，最适宜范围为 6.5～7.5 之间。硝酸盐不能超过 45 毫克/千克，硫酸盐不能超过 250 毫克/千克，尤其是水中最易存在的大肠埃希菌含量不能超标。

（3）便于防护。保证水源水质处于良好状态，不受周围环境的污染。

（4）取用方便，设备投资少，处理技术简便易行。水质主要指水中病原微生物和有害物质的含量。一般来说，采用自来水供水时，主要考虑管道口径是否能够保证水量供应；采用地面水供水时，要调查水源附近有没有工厂、农业生产和牧场污水与杂物排入，最好在塘、河、湖边设一个岸边砂滤井，对水源做一次渗透过滤处理；多数采用地下深井水供水，井深应超过 10 米。地面和深井供水的，应请环保部门进行水质检测，合格的才能取用，以保证肉鸡和场内职工的饮水健康和安全。

3. 交通运输便利，有利于物品运输。肉鸡场交通要相对便利，方便物资、产品运输，以降低运输成本，加强信息交流。在过于偏僻的地方建场，虽然有利于防疫，但交通闭塞，人员进出不方便，员工的文化娱乐生活比较单调，还可能影响生意客户的来往。一般应远离交通主干线，距交通干道不少于 1000 米，距一般公路 50 米以上，距居民区 500 米以上。

4. 网络通信便利。现在是信息社会，网络是信息社会不可或缺的一个因素，社会越发达，越离不开网络。肉鸡场规划建设地应当通信网络覆盖良好，移动通信网络信号较好，接入有线光缆网络比较方便。

四、肉鸡场选址降低成本的要求

1. 有利于节约建场投资。现代化的肉鸡场其基建投资在初期整体投资中所占比例较大，而且在以后的经营过程中成本折旧也占有一定比例。场地选择对建场费用影响较大，不宜选择在地形狭窄、高低不平的地方建场，三通一平的成本会增加。应当将地形相对开阔平坦、地块比较方正、有效使用面积多的地块作为建场地点的首选。

2. 尽量选择土地租用性价比高的地方建场。土地租价具有明显的地区性和地域性，目前土地租价呈总体上升趋势。为了取得比较合理的土地租价，租用地往往需要在前期进行反复的实地考察、专家评估和比较，进行多轮谈判，再综合多方面因素加以权衡后才确定。

五、肉鸡场选址的其他要求

1. 对土壤的要求。要求土壤透气透水性能良好，无病源和工业废水污染，以沙壤土为宜。这种土壤疏松多孔，透水透气，有利于树木和饲草的生长。冬天可以升高地温，夏天可以减少地面辐射热。砾土、纯沙地不能建饲养场，这种土壤导热快，冬天地温低，夏天灼热，缺乏肥力，不利于植被生长，因而不利于形成较好的鸡舍周围小气候。

2. 对地形地势的要求。地形地势包括场地的形状和坡度等，理想的肉鸡场应当建在地势高燥、干爽、排水良好、背风向阳、地势平坦或略带缓坡的地方。如在平原地带，要选地势高燥、稍向南或东南倾斜的地方；如在山地丘陵地区，则宜选择南坡，倾斜度在20°以下。这样的地方便于排水和采光，冬暖夏凉。不能选择沼泽地、低洼地、四面有山或小丘的盆地或山谷风口。若肉鸡场建在山区，应选择较为平坦、背风向阳的坡地，这种场地具有良好的排水性能，阳光充足并能减弱冬季寒风的入侵。坡度不宜太大，否则不利于生产管理与交通运输。地形比较平坦的坡地，每100米长高低差以保持在1~3米内比较好，这不仅可以避免山洪雨水的冲击与淹没，也便于场内污水排出，保持场内干燥。一般来说，低洼潮湿的场地，有利于病原微生物和寄生虫的生存，而不利于肉鸡的体温调节，并严重影响建筑物的使用寿命。在南方的山区、谷地或山坳里，鸡舍排出的污浊空气有时会长时间停留和笼罩该地区，造成空气污染，这类地形都不宜选作肉鸡饲养场场址。地形要开阔平整，不要过于狭长或边角太多，场地狭长往往影响建筑物合理布局，拉长了生产作业线，同时也使场区的卫生防疫和生产联系不便。此外，肉鸡养殖场不宜建在山坡的北面。

肉鸡的生态放养养殖模式主要是利用我国肉蛋兼用型地方优质鸡在当地的林地、果园、草场、农田等放养场地进行生态放养。这种养殖模式充分利用了土地和空间资源，实行肉鸡放养和舍饲相结合的生产方式，充分利用广阔的林地、果园等自然资源，进行养鸡生产，达到以林养牧，以牧促林的良好效果。这种饲养模式体现了林牧结合、循环农业等生态养殖的基本要求。生态放养的模式通过建立良性物质循环，实现资源的综合利用，既解决农林争地矛盾，又改善了农业生态环境，符合生态养殖的基本要求和生产实际，是很多地区发展生态肉鸡养殖的重要模式，具有良好的发展前景。

肉鸡白天在林地、果园、草场、山地等放养场地自由觅食，充分利用了生态饲料资源，同时获得的野生饲料一方面可以减少人工饲喂饲料的数量，节省饲料开支，同时野生的动植物饲料中含有丰富的动物性蛋白质和多种氨基酸，并且还有大量叶黄素等营养物质，使鸡肉营养丰富、味道鲜美，蛋黄颜色橙黄，适口性增加，通过对饲养过程的科学管理，生产出无公害、绿色、有机的禽产品（鸡蛋、鸡肉）。

林地、果园、草场、山地等在农牧生态系统中，为农牧业生产提供了良好的生态条件。林地给鸡提供了自由活动、觅食、饮水的广阔空间，林地环境安静、空气新鲜、光照充足、有害气体少、饲养密度小，从而给鸡提供良好的生活环境，使鸡只健康、生长发育良好。养鸡产生的粪尿等废弃物可就地消纳，减少对周围环境的污染。适当适时的放牧，对林地的生产经营有利，通过林、牧结合可使林地生态结构合理，提高生产率，增加收入。

这种生态肉鸡养殖模式的建场选址首先需要考虑具备与养殖规模相适宜的林地、果园、草场等放养场地，以提供给肉鸡自由采食的杂草、野菜、昆虫、谷物、野果、干果及矿物质等，且对林地的类型、环境条件、植被状况、水源等都有一定的要求。

第二节　肉鸡场建设前的行政审批操作流程

新建肉鸡场必须履行好相关的行政审批手续，首先是要科学选择好建场的地址，然后要查询或咨询好拟租用土地的性质，是不是林地、耕地等农业用地，要与当地村民初步谈好土地租用合约，同时还要向当地县级畜牧行政管理部门报备，确定是否属畜禽养殖禁养区和限养区。拟新（扩）建肉鸡养殖场的企业或个人，需向当地乡镇人民政府提出申请，详细阐明发展规划和粪污处理利用方案，由乡镇人民政府审核后向当地县级人民政府提出选址申请。畜牧部门会同安监、环保、国土、水务、林业等相关部门进行现场踏勘形成选址意见，并由牵头部门书面报告县政府审批后，将选址意见书面告知乡镇人民政府及申请人。一旦前期的准备工作做好后，基本上就可以初步确定建场的地址了。

建设一个中小型的肉鸡场（10万羽以下）一般应先向建场所在地的乡镇人民政府相关负责人和相关职能部门报备，以取得他们的政策支持。如果是建设大型的现代化肉鸡场（10万羽以上）还应当同时与县级以上人民政府和相关职能部门的负责人衔接，争取能够将建设项目列入当地政府的重点农业大型投资项目库，得到政府政策方面的重点支持和关照，享受当地政府的招商引资优厚条件，以利于相关工作的高效有序开展，做到尽快建成、尽快投产和早日见效。

一、签订好建场所需土地的租用合约

土地租用合同（样本）

出租方：＿＿＿＿＿（以下简称甲方）

承租方：_____（以下简称乙方）

为了发展现代肉鸡养殖产业，为城乡居民提供优质的禽肉食品，丰富消费者的菜篮子，甲方将个人所有的一块120亩闲置荒地租给乙方，用于现代化集约化肉鸡场的建设。根据《中华人民共和国土地管理法》《中华人民共和国合同法》及相关法律、法规和政策规定，甲乙双方本着平等、自愿、有偿的原则，签订本合同，共同信守。

一、土地的面积、位置（附图）

甲方自愿将位于_____乡_____村面积_____亩（具体面积、位置以合同附图为准）荒地承租给乙方使用。土地方位东起_____，西至_____，北至_____，南至_____。附图已经甲乙双方签字确认。

二、土地用途及承租形式

1. 土地用途为现代化集约化肉鸡场的建设。

2. 承租形式：个人承租经营。

三、土地的承租经营期限

该地承租经营期限为_____年，自_____年_____月_____日至_____年_____月_____日止。

四、地上物的处置

该地上有_____，在合同有效期内，由乙方无偿使用并加以维护；待合同期满或解除时，按使用的实际状况与所承租的土地一并归还甲方。

五、承租金及交付方式

1. 该土地的承租金为每亩每年人民币_____元，承租金每年共计人民币_____元。

2. 每年____月____日前，乙方向甲方全额交纳本年度的承租金。

六、甲乙双方的权利和义务

（一）甲方的权利和义务

1. 对土地开发利用进行监督，保证土地按照合同约定的用途合理利用。

2. 按照合同约定收取承租金；在合同有效期内，甲方不得提高承租金。

3. 保障乙方自主经营，不侵犯乙方的合法权益。

4. 协助乙方进行肉鸡产业的生产。

5. 按照合同约定，负责协调与当地村民的关系，化解可能出现的矛盾。保证水、电畅通，并无偿提供通往承租地的道路。

6. 按本村村民农用电价格收取乙方电费。

7. 为乙方提供取水方便，并给予乙方以甲方村民的同等待遇。

8. 在合同履行期内，甲方不得重复发包该地块。

（二）乙方的权利和义务

1. 按照合同约定的用途和期限，有权依法利用和经营所承租的土地。

2. 享有承租土地上的收益权和按照合同约定兴建、购置财产的所有权。

3. 享受国家规定的优惠政策。

4. 享有对公共设施的使用权。

5. 乙方可在承租的土地上建设与约定用途有关的生产、生活设施。

6. 乙方不得用取得承租经营权的土地抵偿债务。

7. 保护自然资源，搞好水土保持，合理利用土地。

七、合同的转租

1. 在本合同有效期内，乙方经过甲方同意，遵照自愿、互利的原则，可以将承租的土地全部或部分转包给第三方。

2. 转包时要签订转包合同，不得擅自改变原来承租合同的内容。

3. 本合同转租后，甲方与乙方之间仍应按原承租合同的约定行使权力和承担义务；乙方与第三方按转租合同的约定行使权力和承担义务。

八、合同的变更和解除

1. 本合同一经签订，即具有法律约束力，任何单位和个人不得随意变更或者解除。经甲乙双方协商一致签订书面协议方可变更或解除本合同。

2. 在合同履行期间，任何一方法定代表人或人员的变更，都不得因此而变更或解除本合同。

3. 本合同履行中，如因不可抗力致使本合同难以履行时，本合同可以变更或解除，双方互不承担责任。

4. 本合同履行期间，如遇国家建设征用该土地，甲方应支付乙方在承租土地上各种建筑设施的费用，并根据乙方承租经营的年限和开发利用的实际情况给予相应的补偿。

5. 如甲方重复发包该地块或擅自断电、断水、断路，致使乙方无法经营时，乙方有权解除本合同，其违约责任由甲方承担。

6. 本合同期满，如继续承包，乙方享有优先权，双方应于本合同期满前半年签订未来承租合同。

九、违约责任

1. 在合同履行期间，任何一方违反本合同的约定，视为违约。违约方应按土地利用的实际总投资额和合同未到期的承租金额的_____％ 支付对方违约金，并赔偿对方因违约而造成的实际损失。

2. 乙方应当按照本合同约定的期限足额支付租金。如乙方逾期 30 日未支付租金，则甲方有权解除本合同。

3. 本合同转租后，因甲方的原因致使转租合同不能履行，给转租后的承租方造成损失的，甲方应承担相应的责任。

十、合同纠纷的解决办法

本合同履行中如发生纠纷，由争议双方协商解决；协商不成，双方同意向_____仲裁委员会申请仲裁。

十一、本合同经甲乙双方签章后生效。

十二、本合同未尽事宜，可由双方约定后作为补充协议，补充协议（经公证后）与本合同具有同等法律效力。

十三、本合同一式____份，甲乙双方各____份。

出租方：（签字）_____

承租方：（签字）_____

法定代表人：（签字）_____

签约日期：____年____月____日

签约地点：_____

二、取得县级以上国土部门的土地使用许可

1. 肉鸡场设施农用地使用的法律规定。根据《国土资源部农业农村部关于完善设施农用地管理有关问题的通知》（国土资发〔2010〕155号）之规定，肉鸡养殖禽舍及养殖场内必要的附属场所用地均属于设施农用地。规模化畜禽养殖用地的规划布局和选址，应坚持鼓励利用废弃地和荒山荒坡等未利用地、尽可能不占或少占耕地的原则，禁止占用基本农田。

设施农用地具体分为生产设施用地和附属设施用地。肉鸡场的生产设施用地是指在农业项目区域内，直接用于肉鸡生产的设施用地。包括：规模化肉鸡养殖中鸡舍（含场区内通道）、肉鸡场有机物处置等生产设施及绿化隔离带用地。附属设施用地是指农业项目区域内，直接辅助农产品生产的设施用地。包括：①管理和生活用房用地：指设施农业生产中必须配套的检验检疫监测、办公生活等设施用地；②仓库用地：指存放饲料、农机农具和蛋产品分拣包装储存等必要的场所用地；生物质肥料生产场地、符合"农村道路"规定的道路等用地。兴建肉鸡生产设施的，经营者应拟定设施建设方案，并与当地农村集体经济组织签订用地协议。涉及土地承包经营权流转的，应先行依法签订土地流转合同。规模化肉鸡养殖的附属设施用地规模原则上控制在项目用地规模的7%以内，最多不超过15亩；兴建肉鸡养殖设施占用农用地的，不需办理农用地转用审批手续，其中，肉鸡生产设施占用耕地的，生产结束后由经营者负责复耕，不计入耕地减少考核；附属设施占用耕地的，由经营者按照"占一补一"要求负责补充占用的耕地。设施农用地的审核流程是：农业设施的建设与用地由经营者提出申请，乡镇政府申报，县级政府审核同意，具体可参见国土资源部和

农业农村部《关于完善设施农用地管理有关问题的通知》。鉴于设施农用地直接用于或者服务于农业生产、按农用地管理的用地性质，进行相关建设行为自然无需城乡规划部门颁发建设用地规划许可证。

2. 设施农用地使用审批程序。农业设施的建设与用地由经营者提出申请，乡镇政府申报，县级政府审核同意。申报与审核用地按以下程序和要求办理：

（1）经营者申请。设施农业经营者应拟定设施建设方案，方案内容包括项目名称、建设地点、用地面积，拟建设设施类型、数量、标准和用地规模等；并与有关农村集体经济组织协商土地使用年限、土地用途、补充耕地、土地复垦、交还和违约责任等有关土地使用条件。协商一致后，双方签订用地协议。经营者持设施建设方案、用地协议向乡镇政府提出用地申请。

（2）乡镇申报。乡镇政府依据设施农用地管理的有关规定，对经营者提交的设施建设方案、用地协议等进行审查。符合要求的，乡镇政府应及时将有关材料呈报县级政府审核；不符合要求的，乡镇政府及时通知经营者，并说明理由。

涉及土地承包经营权流转的，经营者应依法先行与农村集体经济组织和承包农户签订土地承包经营权流转合同。

（3）县级审核。县级政府组织农业部门和国土资源部门进行审核。农业部门重点就设施建设的必要性与可行性，承包土地用途调整的必要性与合理性，以及经营者农业经营能力和流转合同进行审核，国土资源部门依据农业部门审核意见，重点审核设施用地的合理性、合规性以及用地协议，涉及补充耕地的，要审核经营者落实补充耕地情况，做到先补后占。符合规定要求的，由县级政府批复同意。

附：畜禽养殖场设施农用地使用审批程序

一、办理基本条件

①符合县级畜禽养殖布局规划。②符合动物防疫条件要求。③达到规模场的标准，原则上占地面积3亩以上。

二、提供材料

①养殖场坐标或位置图和养殖场规划图。②畜禽粪污治理及病死畜禽无害化处理方案。③申请书（养殖场所属土地村民委员会、乡镇畜牧兽医站、乡镇国土管理部门、乡镇人民政府同意并加盖公章）。

三、办理程序

养殖场写出书面申请，由村民委员会同意并加盖公章，报请乡镇畜牧兽医站初审，乡镇畜牧兽医站现场查看养殖场是否符合辖区内畜禽养殖布局规划，养殖场布局是否合理以及是否具有动物防疫条件和粪污治理方案，并在申请书上加盖公章。申请书要同时征求乡镇国土管理部门和乡镇人民政府意见，并加盖公章。土地备案人员携带申请书及其他所需提供材料到县畜牧兽医行政管理部门办理土地备案证明。

附：申请书格式

养殖场项目申请书

我叫_____，家庭住址：_____

身份证号：_____，联系方式：_____。

申请在_____建设畜禽养殖场，畜禽种类：_____，

存养规模_____头（只），我场符合_____县畜禽养殖规划布局，已制定了有效的畜禽粪污治理及病死畜禽无害化处理方案。项目具体位置东：_____西：_____

____南：____北：_____，占用土地计____亩，项目投资约____万元，建设面积_____平方米。

我场在建设及饲养过程中严格按照畜牧兽医相关法律法规和环保要求，对发展农村经济，带动农民致富具有积极的意义。

特此申请

申请人：

年 月 日

县国土管理部门为了加强对规模化畜禽养殖用地的规范管理，实行审批备案制。审批材料包括：个人申请、乡镇村两级意见、县畜牧兽医行政管理部门意见、养殖场建设规划平面示意图、现场勘测、权属证明及规划图、复垦保证书，由国土所组织上报县国土局审批备案。

从实践上看，养殖场建设规划平面示意图应当属于项目申报的附属要件，可按照审核备案程序，先经由乡镇人民政府同意，然后向县级畜牧主管部门提出规模化养殖项目申请，进行审核备案，再由申请人到国土部门办理用地备案手续。当然，由于用地上存在着不确定性，如果在用地申报过程中需要调整的话，可以由国土部门出具意见告知畜牧管理部门和申

请人。

三、取得县级以上林业部门的林地使用许可

需征、占用林地的，需到县级以上林业主管部门办理林地使用手续。《中华人民共和国森林法》第十八条规定："进行勘查、开采矿藏和各项建设工程，应当不占或者少占林地；必须占用或者征用林地的，经县级以上人民政府林业主管部门审核同意后，依照有关土地管理的法律、行政法规办理建设用地审批手续，并由用地单位依照国务院有关规定交纳森林植被恢复费。"

四、通过当地县级以上环保部门的环评申请

根据当地环评对肉鸡场的生产规模的具体要求，可以申请进行环评备案登记或编制环评报告书，一般来说，环评备案登记比较简单，且是免费的，而编制环评报告书需按建设项目的环评类型，委托具有环评资质的单位进行环境影响评价，报环保部门审批。编制环评报告书是要向环保公司支付一笔不菲的费用的。环评手续很重要，必须要通过环保局的审批拿到环境影响审批意见和排污许可证才可以开工建设施工，否则环评没有通过就开工建设是违法违规的，有可能触碰环保法规的底线，从而给企业法人和企业带来不必要的麻烦。

在以上审批手续办理完毕后，方可开工建设。项目建设中，要落实环保"三同时"（环保工程与主体工程同时设计、同时施工、同时运行）制度，环保部门、畜牧兽医行政管理部门、乡镇人民政府将会经常督促指导肉鸡养殖业主严格按照规划设计方案进行建设施工。土建工程完成后，应报环保部门进行环境影响评价验收。

五、取得县级以上畜牧行政部门的《动物防疫条件合格证》

在取得环评手续后，应办理《动物防疫条件合格证》，没有这个证件是不能从事规模肉鸡养殖业的。办理此证需要肉鸡养殖场内有具备执业兽医资格证等国家认定的畜牧类技术职称的人员才可以，可以是企业老板和员工，也可以是外聘人员。

申请《动物防疫条件合格证》应当向县级以上地方人民政府畜牧兽医主管部门提出申请，并附具相关材料。受理申请的畜牧兽医主管部门会依照相关法律法规和《中华人民共和国行政许可法》的规定进行现场勘查和

审查。经审查合格的，发给《动物防疫条件合格证》；不合格的，也会通知申请人并说明理由。

六、取得县级以上畜牧兽医行政管理部门的养殖备案申请

取得《动物防疫条件合格证》的肉鸡养殖场，且符合当地畜禽规模养殖场、养殖小区备案条件的，经业主申请，应向当地畜牧兽医行政主管部门申请养殖场备案，取得养殖场代码，接受监管。

七、取得县级以上工商部门的工商营业执照

在《动物防疫条件合格证》审批下来后就可以去工商局办理营业执照了。当所有证照办理齐全后，肉鸡养殖企业或业主方可引进肉鸡投入正式生产。

第三节　肉鸡场建设的规划与布局

肉鸡场规划一定要科学合理，多种方案相互对比、斟酌，分析利弊，选择最优方案予以实施。

一、肉鸡场的建设布局

确定生产工艺流程是搞好规划布局的基础，按工艺流程、场区地形、主导风向来规划设计区间。根据当地主风向和肉鸡场地势，风向从上风向至下风向、地势从高到低，生产区应依次安排种鸡舍、育雏鸡舍、肉鸡场。种鸡舍的顺序依次为育雏舍、育成舍和种鸡产蛋舍。孵化室应和所有的鸡舍相隔一定距离，可建在靠近生产区的入口处，大型肉鸡养殖场最好在鸡场外单设种鸡舍，孵化室周围需设围墙或绿化隔离带。生产区布局在生活办公区的下风向或侧风向处，废弃物无害化处理区设在生产区的下风向或侧风向。

肉鸡场大门设在靠近行政管理区办公室最近围墙处。附建门卫室和消毒室、消毒池。

办公室、库房、洗衣房、蛋库、锅炉房、配电室、水塔等设在行政管理区内，宿舍、餐厅、职工娱乐活动室设在生活区。肉鸡饲料加工生产区最好设在生产区与办公区之间。

标准肉鸡场总体布局的基本要求是：

1. 三区分离原则。场区规划应综合考虑场内地形、水源、交通、主导风向等自然条件，以有利于管理和防疫。场区设置生活办公区、生产区和粪污处理区，三区严格分开。生活办公区、生产区在全场的上风处和地势最高地段，同时兼顾生活区与外界联系的便利。生产区在防疫卫生最安全地段。粪污处理区设在下风处和地势最低的地段。

生产区与另两区之间设置严格的隔离设施，包括隔离栏、车辆消毒房、人员更衣及消毒房等。大型肉鸡场的生活区与行政管理区之间设10米宽的绿色隔离带。

2. 生产区内净道污道分开。两道分别设置在鸡舍的工作间和排风口两侧。净道用于生产联系和运送饲料、雏鸡、商品肉鸡产品及饲养工作人员通道，污道用于运送粪便污物、病死鸡。场外的道路不能与生产区的道路直接相通。鸡舍间距：育雏育成舍10~20米，肉鸡舍10~15米。

二、鸡舍朝向

肉鸡舍朝向的选择与当地的地理纬度、地段环境、局部气候特征及建筑用地条件等因素有关。适宜的朝向一方面可以合理地利用太阳辐射能，既避免夏季过多的热量进入舍内，又可在冬季最大限度地允许太阳辐射能进入舍内以提高舍温；另一方面，可以合理利用主导风向，改善通风条件，从而为获得良好的畜舍环境提供可能。

根据太阳的方位确定鸡舍的朝向。鸡舍朝向不同，室内获得的光照条件和舍温有很大差异。由于我国处于北纬20°~50°之间，太阳高度角冬季小、夏季大，对南向畜舍而言，冬季时阳光射入舍内较深，鸡舍可接收较多的太阳辐射热及紫外线，对提高舍温、改善室内空气质量比较有利；夏季时则进入舍内的太阳辐射较少，从而可减少辐射热对舍温造成的影响，即南向畜舍容易做到冬暖夏凉。

我国大部分地区，夏季盛行东南风，冬季以东北风或西北风为主，南向畜舍可避开冬季冷风吹袭，有利于夏季自然通风。若采用东西向畜舍，夏季强烈的太阳西晒和冬季遭受北风的吹袭，对舍温有很大的影响。因此，从南方到北方，采用南向畜舍比较理想。鸡舍东西向排列或南偏东（或西）15°左右，利于提高冬季舍温和避免夏季太阳光的强烈辐射，利于改善鸡舍通风和小环境气候。

三、鸡舍的间距

鸡舍间距直接关系到鸡舍的采光、通风、防疫、防火和占地面积。鸡舍间距可依据如下方面进行设计。鸡舍间距：育雏育成舍 10～20 米，肉鸡舍 10～15 米。

1. 根据日照确定鸡舍间距。鸡舍朝向一般是坐北朝南或朝南偏向一定角度，因此确定鸡舍间距要求冬季前排鸡舍不能阻挡后排日照。在我国大部分地区，间距保持鸡舍檐高的 3～4 倍，一般应为 9～12 米，基本可满足后排鸡舍日照要求。

2. 根据通风确定鸡舍间距。适宜的鸡舍间距，可保证下风向鸡舍有足够的通风，而且免受上风向排出的污浊空气的影响。鸡舍间距为鸡舍檐高的 3～5 倍时，可满足通风和卫生防疫的要求。现在广泛采用纵向通风，排风口在两侧山墙上，鸡舍间距可缩小到鸡舍檐高的 70％～80％，一般为 6～9 米。

四、鸡场的绿化

鸡场的绿化地主要包括防风林（在多风、风大地区）、隔离林、行道绿化、遮阳绿化、绿地等。防风林应设在冬季主风的上风向，沿围墙内外设置，最好是落叶树和常绿树搭配，高矮树种搭配，植树密度可稍大些。隔离林设在各区之间及围墙内外，可选择树干高、树冠大的乔木。可对道路两旁和排水沟边进行绿化。对于鸡舍南侧和西侧进行遮阳绿化，起到为鸡舍墙、屋顶、门窗遮阳的作用。绿地绿化可植树、种花、种草，也可种植有饲用价值或经济价值的植物，如果树、三叶草、苜蓿等。

绿化不仅可以美化、改善鸡场的自然环境，而且对鸡场的环境保护、促进安全生产、提高生产经济效益有明显的作用。养鸡场的绿化布置要根据不同地段的不同需要种植不同种的树木，以发挥各种林木的功能作用。

五、肉鸡场废弃物储存与处理区

肉鸡粪便处理或利用鸡粪加工有机肥的区域、死淘鸡焚烧炉等设在生产区脏道一侧。自动化喂料的贮料罐建在净道一侧。

第四节　肉鸡场的建造与设备

一、肉鸡场开工建设前的基本要求

三通一平工程是建设项目进行施工准备的一项必需的工作内容，它属于建设前期工作。具体指：水通、电通、路通和场地平整。水通（专指给水）；电通（指施工用电接到施工现场具备施工条件）；路通（指场外道路已铺到施工现场周围入口处，满足车辆出入条件）；场地平整指将施工现场（红线范围内）的自然地面，通过人工或机械挖填平整改造成为设计需要的平面，使得施工现场无需机械平整，人工简单平整即可进入施工的状态。确保施工现场无障碍物，施工范围内树木砍伐、移植完毕。

二、肉鸡场分区建设的基本要求

标准化商品肉鸡场是肉鸡养殖业由传统向现代化发展的必然方向。建设一个标准化商品肉鸡场在进行分区建造时必须考虑以下基本条件。

1. 办公管理区

进入办公管理区应有人员出入口和车辆出入口两个，车辆入口处应设置与门同宽，长 4 米、深 0.3 米以上的消毒池。消毒池长度不小于大型机动车车轮周长的一周半，宽度与大门宽度相等。人员出入口应设喷雾消毒室或者沐浴更衣室和物品消毒设施，消毒室应配备现代化的喷雾消毒装置。

应根据实际需求合理设置办公区，办公区一般位于鸡场的进口处。具备一定规模的肉鸡场最好是办公管理区与生活区分开建设。办公管理区的建设规模和建筑面积要根据生产管理的实际需要来确定，一般应包括门卫室、消毒室、接待室、办公室、兽医工作室、财务室、会议室、视频监控室等。现代化大规模肉鸡场还包括肉鸡屠宰加工车间、发电机房、水井房、锅炉房。

办公管理区的大门代表着企业的形象，在建造中应科学设计，符合管理安全、美观大方、实用大气、时尚现代简约的要求，安全方面主要考虑通行能力、防火要求等；实用方面考虑通行方便、出入不影响其他功能等；美观方面考虑与环境的协调、体现企业形象、反映企业文化特色。在日趋激烈的市场竞争中，企业的形象是一种无形资产，在市场资源的配置中发挥着不可估量的作用。

2. 生活区

规模稍小的肉鸡场的生活区一般与办公区没有分开，中大型的肉鸡场还是需要予以分开，以便于进行管理，做到互不干扰。生活区的建筑物主要包括值班职工宿舍、职工文娱活动室、员工餐厅。

生活区的规划建设以能够保障基本生活需要为准，建筑标准以美观大方、实用节约为准。

3. 生产区

生产区是标准化商品肉鸡规模养殖场的核心区，建设要求和建设标准应具有前瞻性，符合现代畜牧业的发展方向。其走向为育雏舍、肉鸡舍，各舍入口有连接的净道，净道主要用于运送饲料、肉鸡等；各舍出口有连接的污道，污道主要用于运输鸡粪、死鸡及鸡舍内需要外出清洗的脏污设备。生产区内设施有饲料房，育雏育成舍，肉鸡舍等。对于一个大型肉鸡养殖场来说，肉鸡种鸡场与肉鸡场最好分开建设，间隔至少 3 千米，且种鸡场居于肉鸡场常年主导风向的上风向或侧风向处。

4. 粪污处理区

粪污处理区是商品肉鸡粪污处理的集中区域，是防止病原扩散、传播的关键环节。粪污处理区应以相对封闭、整洁为基本原则。应做到粪便不露天堆放，粪污不外溢。有条件的可设置大、中型沼气设施与设备，确保粪污集中处理，对环境不造成影响。粪污处理区包括粪便存放棚、尸体剖检室、尸埋井或焚烧炉等。

5. 供水排水设计与建造

（1）场区具备使用井和备用井两眼，另需建设水泵房、水塔及管道。

（2）生产和生活废水采用地埋管道排出；雨水排泄要根据场内地势设计排水路线，采用雨污分离原则，达到下雨不积水、污水流畅。

6. 场区电力供应线路设计与建造

（1）使用电压为 220 伏/380 伏。

（2）就近选择电源，变压器的功率应满足场内最大用电负荷。

（3）机械化程度较高的鸡场，必须配置备用发电机组以备意外停电时所需。

7. 道路设计

场内道路：设计时要考虑运输和防疫的要求。要求净污分开，分流明确，互不交叉，排水性好，路面质量要好，其中净道宽度以不低于 3 米，污道宽度不低于 2 米为宜。道路推荐使用混凝土结构，厚度 15～18 厘米，混凝土强度 C20 以上；道路与建筑物距离为 2～4 米。场外道路：路面最小宽度为两辆中型车顺利错车，约为 4.5 米。

8. 围墙

围墙的作用是划分、隔离空间范围和生物隔离防疫，标准化养鸡场均应设置围墙，其高度为 2.7～3.5 米，距畜禽舍不少于 5 米。

（1）**砖混结构围墙**：围墙工程属于室外工程，常见的有砖混结构。砖混结构围墙施工要求：墙身高度 3.3 米、基础 700 毫米宽三七灰 150 毫米厚、490 毫米砖铺底二层、360 毫米一层、240 毫米二层，以上为墙身，365×365 砖剁中距 4 米，围墙内外侧均用水泥砂浆抹面。建造价格比较高，每平方米造价 150～180 元。

（2）**高速公路护栏网围墙**：以前的围墙都是以砖瓦墙或者钢筋混凝土的形式存在，不仅不美观、造价高，而且防护性以及安全性能比较低。高速公路围栏围墙是一种比较持久耐磨的护栏网产品，其耐腐蚀性能是比较不错的，产品的使用寿命也是比较长的。材质：选用低碳钢丝、铝镁合金丝，喷塑。连接方式：卡接；产品优点：网格结构简练、耐用、美观、视野开阔，防护性能良好，便于运输，安装不受地形起伏限制。特别是对于山地、坡地、多弯地带适应性极强。建造速度快，价格中等偏低，每平方米造价 15～25 元，适合大面积采用。

（3）**带刺植物围墙**：带刺植物可以做围墙，此种植物带刺多、刺大锋利，耐寒、耐旱，适应性强，是现代园林、果园、畜牧养殖场所需要的防护墙。这个植物相对钢筋砖头水泥建成的围墙，不仅降低了成本，还是一劳永逸的。最好的带刺植物是原产于日本的造刺树，该植物属亚乔木，高可达 10 米，耐寒-40℃，耐干旱。从出土 10 厘米开始，即长满利刺，成熟后，全身长满 3.5～20 厘米长的利刺，且刺上长刺，四楞八叉，硬利如针的刺可将轮胎、鞋底、衣服轻易扎透，人畜不敢接近，且树龄越大刺越多，最多的地方只见密密麻麻的利刺而不见树干，在小叶的映衬下十分美观，栽后三年即成刺墙，成墙后，手拿斧锯之人在白天也很难进入园内，它既解决了砖墙造价高（砖墙价格是造刺价格的 130 倍）的问题，又解决了外人易跳进的问题。

三、肉鸡舍的建造类型

肉鸡舍有开放式、有窗（卷帘式）半封闭式、密闭式等形式，依气候条件而定。开放式鸡舍适宜于气候温暖地区，建筑上要考虑遮阳、挡雨。有窗半封闭式鸡舍基本上利用自然通风，也可辅以机械通风，开窗面积既要保证换气，又要防止热辐射。密闭式鸡舍要有良好的保温隔热性能，由人工控制舍内温度、空气、光照，以便为鸡群创造适宜的生长环境，最大限度地发挥其生产效能。在工业发达的国家，有的鸡舍结构采用薄壁型钢，并选用高效保温隔热的屋面和墙体，具有质量轻、安装快的特点。

1. 开放式鸡舍的建造。开放式鸡舍是采用自然通风和自然光照的鸡舍，舍内温、湿度基本上是随季节的变化而变化，鸡舍不供暖，靠太阳能和鸡体散发的热能来维持舍内温度；通风也以自然通风为主，必要时辅以机械通风。由于在炎热的夏天，鸡舍内不会有足够的通风量，因此，一般开放式鸡舍的最大宽度应以 9.8 米为度。开放式鸡舍的高度一般在 2.4～3.0 米之间。鸡舍长度可根据实际情况或长或短，如要使用机械供料，则必须根据机械性能来考虑长度，否则会导致经常性的故障而影响生产。当采用人工供水、供料时，其长度应有利于工作。屋顶最好采用绝热性能较好的材料制成，以减轻高温对鸡舍的影响。在南方夏季舍内的温度可达 35～37℃，这时会出现热应激，鸡只采食量下降，影响肉鸡的生产性能，同时影响鸡的生理功能，降低营养物质的利用率，从而使生产者承受巨大的经济损失。在气温较高的南方，屋顶还可采用有天窗的钟楼式建筑，以利于鸡舍中央部分的换气和通风。通常在鸡舍屋顶安装循环喷水器和在鸡舍顶部安装水雾发生器，它能放射出一种极细的水雾。当舍内温度过高时，即可依靠屋顶的喷洒器喷洒屋顶，以降低屋顶温度。此类鸡舍的优点是能减少开支，节约能源，鸡舍造价低，炎热季节通风好，通风和照明费用低，原材料投入成本不高，建筑材料可以就地取材，适合于常年气温比较温暖的南方地区的中小规模优质肉鸡养殖场。缺点是受自然条件的影响大，生产性能不稳定，同时不利于防疫及安全均衡生产。

2. 密闭式鸡舍的建造。密闭式鸡舍又称无窗鸡舍。这种鸡舍顶盖与四壁隔热性良好，四面无窗，鸡舍的屋顶及墙壁都采用隔热材料封闭起来，有进气孔和排风机；舍内环境通过人工或自动化设备进行控制调节，完全采用人工光照和轴流风机，机械负压机械通风。舍内的温、湿度通过变换通风量大小和气流速度的快慢来调控。降温采用加强通风换气，在鸡舍的进风端设置空气冷却器如湿帘等。此种鸡舍的优点是能够减弱或消除不利的自然因素对鸡群的影响，使鸡群能在较为稳定的适宜的环境下充分发挥品种潜能，稳定高产，可以有效地控制和掌握育成鸡的性成熟，较为准确地监控营养和耗料情况，提高饲料的转化率。因为处于密闭的状态下，可以防止野禽与昆虫的侵袭，大大减少了污染的机会，从而减少了经自然媒介传播疾病的风险，有利于卫生防疫管理。此种鸡舍的机械化自动化程度高，饲养密度大，降低了劳动强度，同时由于采用了机械通风，鸡舍的间隔可以减小，节约了生产区的建筑面积。但相对于开放式鸡舍，它的建设支出将比较大，使用时对电能的依靠性强，必须配备发电机，并且环保排污设施必须要做到位。

3. 有窗（卷帘式）半封闭式鸡舍。这种鸡舍在南北两侧壁都设计窗户或卷帘作为进风口，通过人工开窗或卷帘来调节通风和温度，气候温和的季节依靠自然通风，在气候不利时则关闭南北两侧大窗或卷帘，开启一侧山墙的进风口，并开动另一侧山墙上的风机进行纵向通风。兼备了开放与封闭鸡舍的双重功能，但该种鸡舍对窗户的密闭性能要求较高，以防造成机械通风时的通风短路现象。我国中部甚至华北的一些地区可采用此类鸡舍。在常年气温比较高的我国南部地区经常采用卷帘式半封闭式鸡舍。其优点是鸡舍造价低，设备投资少，照明耗电少。缺点是占地多，饲养密度小，防疫较困难，外界环境因素对鸡群影响较大。

现代规模化肉鸡养殖场一般采用封闭式无窗鸡舍，这种鸡舍一般无窗（为节约电能，也有加窗），完全密闭。鸡舍内的小气候可利用各种设施进行控制与调节，以最大限度地满足鸡体最适生理要求。鸡舍内采用人工通风与光照。通过调节通风量的大小和速度，在一定范围内控制鸡舍内的温度和相对湿度。夏季炎热时，可通过大通风量或采取其他措施降温；寒冷季节一般不专门供应暖气，而是靠鸡体本身的热量使舍内温度维持在比较适宜的范围之内。

四、肉鸡场建造结构类型

肉鸡场的鸡舍宽度一般为 6～15 米，长度一般为 30～100 米。平养鸡舍高度一般为 2.2～2.4 米，高床笼养鸡舍的高度约需 5 米。我国的鸡舍前些年以混合结构为主，多采用砖墙、钢屋架或钢筋混凝土组合屋架、机平瓦或石棉瓦屋面等。近年来装配式墙板等结构也已在鸡舍大量使用。

1. 钢构隔热板类型鸡舍

鸡舍的框架采用 H 型钢和镀锌 C 型钢，连接方式是采用螺栓连接，它的构件在工厂制作，现场只需简单地组装即可，这样施工现场的工作量就大大地减少了，工期也就缩短了，现场施工快捷。

镀锌型材耐腐蚀抗老化，内部顶部又使用了一层彩钢瓦进行吊顶，保温系数增加。鸡舍的框架采用的 H 型钢和镀锌 C 型钢的耐腐蚀性能强，鸡舍的顶板采用 EPS 夹芯板维护，保温隔热的效果强，为了防止湿度对设备的腐蚀，还特别使用涂了多遍防腐漆的 H 型钢或镀锌方管作为鸡舍的主体框架，有效地防止了主体框架被腐蚀，延长了鸡舍的使用寿命。这种鸡舍一般每平方米用钢量 30 千克，使用年限 50～100 年，抗震 8 级，抗风 9 级。

此种鸡舍建造快，成本适中，又比较坚固美观耐用，目前很多规模肉鸡场大多选择此种结构。轻型钢结构鸡舍既保护了环境又坚固耐用，这种产业化的生产安装，不仅有效地节约了资源，而且也避免了污染。肉鸡舍的质量非常可靠，而且尺寸非常精确，安装很是方便，节约了大量的建造成本；钢结构的质量很轻，但是强度却非常高，而且钢材可以回收再利用，符合现代社会节能减排的要求。此类鸡舍为无窗密闭式鸡舍，墙面不需安装大窗户，而是在顶部安装了一排小窗，屋顶设计了天窗，内部可以达到通风的效果。鸡舍还需要一些设备，如喂饲设备、饮水设备等，墙体上的水帘、排风扇及无动力风机等。

2. 砖混结构肉鸡舍

砖混结构肉鸡舍的建造要科学合理。地面最好是水泥地面，而且要求高出舍外，坚实、耐久、防潮、平坦、不滑，易于清扫、消毒。墙壁一般采用砖或石垒砌，墙外用水泥抹缝，墙内用水泥和白灰挂面，在墙壁的下部有 1 米高的水泥裙，以便防潮和冲洗，并且要求坚固、耐久、保温隔热性能好、耐水、耐冻，便于清扫和消毒。房顶由房架和房面两部分组成，房架可用钢筋、木材或钢筋混凝土制成。房面直接防风雨、隔辐射，材料要求保温隔热性能好，一般用瓦、石棉或苇草做成。房顶分为"人"字形、拱形和平顶形，"人"字形房顶隔热通风性能相对比较好，特别是吊棚后隔热性能更好。鸡舍的跨度一般为 10～12 米，净宽 8～10 米，过宽不利于通风；长度可根据饲养规模、饲养方式、管理水平等诸多具体情况而定。鸡舍的高度是檐高 2.5～3 米；鸡舍的门高为 2 米并设在两头，宽度以便于生产操作为准，一般单扇门宽 1 米，双扇门宽 1.6 米左右；窗户面积与地面面积之比一般以 1:（10～15）为宜，而且南北两窗的下面设有供通风换气用的百叶窗，这种百叶窗一般夏季开放，冬天关闭。此种鸡舍建造材料比较普遍，坚固耐用，鸡舍内环境容易控制，但建造成本比较高。

3. 塑料大棚式肉鸡舍

鸡舍南北走向或东西走向均可。鸡舍跨度（宽度）7～10 米，长度根据饲养规模可大可小，一般为 20～80 米，横切面最高点为 2.70～2.85 米，两肩高 0.85～1.10 米，两肩以下为通风调节口，两肩以上为弓形棚顶。

可先建两个端墙（两端墙之间的距离为鸡舍长度，在端墙 1/2～3/4 处留宽 2 米左右、高 1.8 米的门），然后在两端墙肩之间每 4 米用砖砌两排高 0.85 米的立柱（两排立柱之间的距离为鸡舍宽度），再在两排立柱之间加三排水泥柱，中间一排最高为 2.7 米，另外两排高为 1.8 米，其后在五排立柱上加平行的五排横木，横木与立柱用铁丝等固定好，横木上垂直加竹竿（粗 3 厘米左右），每米 3 根，这样鸡舍框架就完成了。

棚顶为 4 层结构，第 1 层为无滴塑料薄膜，第 2 层为草栅、麦秸或毡毛毯等保温材料（厚 4～6 厘米），第 3 层为塑料薄膜（起固定作用），最后一层为厚稻草栅，用 14 号铁丝固定好（每米 2 道）。注意：两端墙与棚顶塑料膜不要固定太死，以免冬季塑料收缩拉坏端墙。棚顶边角要用砖压实，以防被大风损坏。在棚周围空闲处可种植丝瓜等藤蔓植物，能起到防风和夏季降温的作用。

这种大棚式鸡舍建筑，保温性和通风性非常适合肉鸡生长，更适合安装自动饮水器和自动加料装置等。舍内空间大，使饲养管理操作更加方便，它克服了房屋建筑的很多缺点，大大提高了可操作性，适应肉鸡养殖集约化规模化的发展方向。建设成本为 25～40 元/米²（不包括地面处理费用），仅相当于房屋结构的 1/15。

这种鸡舍适宜用厚垫料平养，也可采用网上平养。

五、肉鸡舍建造设计的基本要求

肉鸡舍的设计是一项专业性很强的工作，需要专门的建筑设计人员或畜牧专家来执行，肉鸡场经营业主应了解鸡舍设计的基本知识，多到就近的建造设计比较好的规模化肉鸡场去参观学习，以便在设计开始时和设计过程中向设计者提出生产工艺和环境控制上的要求，使鸡舍的设计更趋于合理。

在肉鸡舍的建造施工前，必须要明了，选择不同的生产养殖方式、养殖工艺流程和养殖规模所建造的鸡舍也不同。

1. 地基与地面：地基应深厚、结实。地面要求高出舍外、防潮、平坦，易于清刷消毒。

2. 墙壁：隔热性能好，能防御外界风雨侵袭。砖混结构鸡舍多用砖垒砌，墙外面用水泥抹缝，墙内面用水泥或白灰挂面，以便防潮和利于冲刷。

3. 屋顶：除平养跨度不大的小鸡舍有用单坡式屋顶外，一般常用双坡式。

4. 门窗：门一般设在南向鸡舍的南面。门的大小一般单扇门高 2 米，宽 1 米；两扇门高 2 米，宽 1.6 米左右。

开放式鸡舍的窗户应设在前后墙上，前窗应宽大，离地面可较低，以便于采光。窗户与地面面积之比为 1：（8～10）。后窗应小，约为前窗面积的 2/3，离地面可较高，以利于夏季通风。密闭鸡舍不设窗户，只设应急窗和通风进出气孔。

5. 鸡舍跨度、长度和高度：鸡舍的跨度视鸡舍屋顶的形式、鸡舍类型和饲养方式而定。一般跨度为：开放式鸡舍 6～10 米，密闭式鸡舍 12～15 米。

鸡舍的长度一般取决于鸡舍的跨度和管理的机械化程度。跨度 6～10 米的鸡舍，长度一般在 30～60 米；跨度较大的鸡舍如 12 米，长度一般在 70～80 米。机械化程度较高的鸡舍可长一些，但一般不宜超过 100 米，否则机械设备的制作与安装难度较大，材料不易解决。

鸡舍的高度应根据饲养方式、清粪方法、跨度与气候条件而定。跨度不大、平养及不太热的地区，鸡舍不必太高，一般鸡舍屋檐高度 2.0～2.5 米；跨度大，又是多层笼养，鸡舍的高度为 3 米左右，或者以最上层的鸡笼距屋顶 1～1.5 米为宜；若为高床密闭式鸡舍，由于下部设粪坑，高度一般为 4.5～5 米（比一般鸡舍高出 1.8～2 米）。

6. 操作间与走道：操作间是饲养员进行操作和存放工具的地方。鸡舍的长度若未超过 40 米，操作间可设在鸡舍的一端，若鸡舍长度超过 40 米，则应设在鸡舍中央。

走道的位置，视鸡舍的跨度而定，平养鸡舍跨度比较小时，走道一般设在鸡舍的一侧，宽度 1～1.2 米；跨度大于 9 米时，走道设在中间，宽度 1.5～1.8 米，便于采用小车喂料。笼养鸡舍无论鸡舍跨度多大，视鸡笼的排列方式而定，鸡笼之间的走道为 0.8～1.0 米。

7. 运动场：开放式肉鸡舍或种鸡舍地面平养时，一般都设有运动场。运动场与鸡舍等长，宽度约为鸡舍跨度的 2 倍。

六、肉鸡场的设备

1. 饮水系统

根据测算，每只肉鸡每天需水量为：冬季为 105 毫升左右，夏季为 240 毫升左右，春、秋季为 180 毫升左右。当肉鸡快速生长后期，需水量也随之增加。因为这时肉鸡代谢加快，食量增大，需水量也逐渐增大。

2. 储水设备

规模肉鸡场平时用于储水以保障供水，需要建造比较大型的储水供水设备。储水设备的大小和容量以保障全场生产生活的最大需要为准。

3. 乳头式饮水设备

这种饮水器已在世界上广泛应用，使用乳头式饮水器可以节省劳力，并可改善饮水的卫生程度。但在使用时要注意水源洁净、水压稳定、高度适宜。另外，还要防止长流水和不滴水现象的发生。不仅便于防疫，还可节约大量用水。每个饮水器可供笼养鸡 3~4 只饮水，散养鸡 10~15 只饮水。

4. 净水设备

肉鸡养殖场使用饮水净化设备，可活化水质，令分子团变小，降低水的表面张力，增强水的渗透力，提高水的溶解力，抑制水中细菌的生长，增加水中溶解氧含量，加快消除水中化学成分，可去除水中的泥沙、红虫、铁锈等杂质，清除水中农药化肥残留等污染，生产出适于畜禽饮用的水，改善肉鸡健康状况，降低死亡率，减少使用化学抗生素或疫苗，节省开支，从而提高肉鸡对疾病防护的能力和肉鸡快速生产能力。净水设备可除掉水体内成垢物质，可保护供水管路，防止畜禽饮水器堵塞。

5. 温度控制与通风

目前，很多规模肉鸡场的养殖基本是密闭养殖，开放式养殖越来越少。在鸡舍内部一端装有温度、湿度、光照、通风等各种电子自动控制系统，并进行相关数据记录。鸡舍通风系统能保证鸡舍空气的新鲜。夏季高温时采用湿帘降温，并启用纵向负压通风模式，使鸡舍内温度维持在 28℃以下。冬季低温时则启用横向通风模式，根据鸡舍内装备的传感器确定通风时间和强度以及是否启用空气交换加热器来升温，使鸡舍内维持在适宜温度，整个养殖过程实现程控化、智能化。

6. 无动力通风设备

无动力通风机在发达国家的养鸡场早已十分流行，有数十年的历史了。在国内，随着钢结构建筑鸡舍的大量使用，安装使用无动力屋顶风机也日渐增多。无动力屋顶风机是利用自然界空气对流的原理，将任何平行方向的空气流动，加速并转变为由下而上垂直的空气流动，以提高室内通风换气效果的一种装置。它不用电，无噪声，可长期运转，排出室内的热气、湿气和秽气。屋顶无动力风机的优点：自然风力推动，24小时全天候运转；灵敏度高，只要微风或室内外有温差即可驱动涡轮叶片转动；运转平稳、安静，改善室内环境；采用整组高级轴承，无需润滑，坚固耐用，故障率极低；耐腐蚀、耐酸碱，使用寿命长。

7. 喂料系统

盘式自动化养鸡料线系统是螺旋输送，盘式喂料，安装长度可达150米，悬挂升降，用在平养肉鸡、肉种鸡，从育雏到育成一盘到底，其工作原理是通过驱动系统的传送轴带动螺旋绞动料管内转动进而把饲料均匀传送到各个料盘中，末端由料位感应器控制整条系统的启动闭合，进而实现养鸡喂料的自动化、集约化，既减少了人工喂料的麻烦，也减少了因人工喂料不均匀而导致肉鸡生长缓慢。全封闭料管内随时充满料，每次启动时所有料盘同时送下新鲜、无污染饲料，噪声小，减少鸡群应激。整条喂料线可随着鸡群的生长调高度，在使用中可减少饲料浪费，且不影响鸡群的活动空间。

8. 自动清粪系统

刮粪板式清粪：一般由牵引机、刮粪板、框架、钢丝绳、转向滑轮、钢丝绳、转动器等组成。一般在一侧都有贮粪沟。它是靠绳索牵引刮粪板，将粪便集中，刮粪板在清粪时自动落下，返回时，刮粪板自动抬起。主要用于鸡舍内同一个平面一条或多条粪沟的清粪，一粪沟与相邻粪沟内的刮粪板由钢丝绳相连，可在一个回路中运转，一个正向运行，另一个则逆向运行。

9. 输送带式清粪系统

输送带式清粪机，是专门为阶梯式、直列式的肉鸡养殖场研发的设备。工作原理：承粪板安装在每层鸡笼下面，当机器启动时，由电机、减速器通过链条带动各层的主动辊运转，在被动辊与主动辊的挤压下产生摩擦力，带动承粪带沿笼组长度方向移动，将鸡粪输送到一端，被端部设置的刮粪板刮落，从而完成清粪工作。可以直接把鸡粪输送到鸡舍外，减少鸡舍气味，给鸡提供一个干净舒适的生长环境，减少鸡的发病率，同时节约人力成本，省时省力，提高养殖效率。可实现无人化管理，自动定时清粪，时间任意设置，自动、手动任意转换。

10. 肉鸡笼

肉鸡笼是专门针对肉鸡笼养制作的鸡笼，为了克服因笼底坚硬而引起肉鸡胸部炎症，多采用优质塑料制成肉鸡笼组，雏鸡从进笼直到送屠宰场，不需再转笼，省去捉鸡的麻烦，也避免了鸡可能发生的不良反应。结构合理、质量优良的肉鸡笼，其使用寿命可超过10年，而且可以为鸡群提供相对舒适的生活环境，保障了鸡群正常生产潜力的发挥。而结构不良、质量低劣的鸡笼，要么鸡一上笼就变形、焊点开裂，要么接连不断地卡死鸡只，或者使鸡群长期处于应激状态，难以发挥正常的生产性能。可见，鸡笼质量直接关系到养鸡业的经济效益，不论是鸡笼生产商、鸡场技术人员，还是一般个体养鸡户，都应对此给予高度重视。所以，选择质量好的肉鸡笼至关重要。

肉鸡笼养的主要优点有：①自动化程度高：自动喂料、饮水、清粪、湿帘降温、集中管理、自动控制、节约能耗、提高劳动生产率，降低人工饲养成本，大大提高养殖户的养殖效率。②鸡群防疫好，有效预防传染病：鸡不接触粪便，能使鸡更健康地成长，给鸡提供了一个干净舒适的生长环境，出肉时间大大提前。③节省场地，提高饲养密度：笼养密度比平养密度高3倍以上。④节省养殖饲料：笼养鸡可以大量节省养殖饲料，鸡饲养在笼中，运动量减少，耗能少，浪费料减少。资料表明，笼养可以有效地节约养殖成本25%以上。⑤坚固耐用：笼养肉鸡成套设备使用热浸锌工艺，耐腐蚀、耐老化，使用寿命可长达15～20年。

常见的肉鸡笼养均为穴体笼养，3层或4层重叠，其设计和构造与蛋鸡笼基本相同。肉鸡高密度笼养节约用地，比散养式养殖节约用地50%左右。集中管理节约能源和资源，减少禽病发生率，独特的笼门设计可有效防止鸡采食时头部上下晃动而浪费饲料。可根据场地大小作适当调整，可加装自动饮水系统。主要用的材质是用镀锌的冷拔钢点焊而成，其底网、后网、侧网采用直径2.2毫米的冷拔钢丝，其前网用3毫米的冷拔钢丝，四层叠式肉仔鸡鸡笼基本长度为1400毫米、深度700毫米、高32毫米，每笼饲养肉仔鸡数10～16只，饲养密度30～50只/米²，低网格尺寸通常为380毫米肉种鸡笼，外形尺寸基本定为长1.4米、宽为0.7米、高为1.6米，单个鸡笼尺寸长1.4米、宽为0.7米、高为0.38米。鸡笼的大小、容量应满足鸡的活动和采食需要。

（1）全阶梯式肉鸡笼：组装时上下两层笼体完全错开，常见的为3～4

层。其优点是：鸡粪直接落于粪沟或粪坑，笼底不需设粪板，如为粪坑也可不设清粪系统；结构简单，停电或机械故障时可以人工操作；各层笼敞开面积大，通风与光照面大。缺点是：占地面积大，饲养密度小（为 10～12 只/米²），设备投资较多。

（2）半阶梯式肉鸡笼：上下两层笼体之间有 1/4～1/2 的部位重叠，下层重叠部分有挡粪板，按一定角度安装，粪便清入粪坑。因挡粪板的作用，通风效果比全阶梯式肉鸡笼差，饲养密度为 15～17 只/米²。

（3）层叠式肉鸡笼：鸡笼上下两层笼体完全重叠，常见的有 3～4 层，高的可达 8 层，饲养密度大大提高。多层层叠式肉鸡饲养成套自动化设备是目前国内外进行规模化、集约化、自动化肉鸡饲养的首选设备。具有以下优点：

1）单位面积养鸡数远远超过平养，可增加 50％～100％；

2）上顶网斜坡设计，使鸡粪与鸡体完全隔离，可直接落到地面，鸡舍尘埃大大减少，通过粪便感染疾病的机会少，鸡只死亡率大大降低；

3）笼门特有的横拉门设计，使鸡只采食的运动量限制到最低限度，能量消耗小，节省饲料；

4）便于观察鸡只，分群或选淘方便；

5）有足够的采食、饮水位置，鸡的均匀度和健康状况都较好；

6）可省去平养所需的垫料支出。

11. 其他设备

（1）备用发电机

现代化规模肉鸡场对电力的消耗比较大，对停电比较敏感，所以应当有备用发电机，在停电时可以保持应急供电，以免影响生产。备用柴油发电机的工作有两个特点：第一是连续工作的时间不长，一般只需要持续运行几小时（≤12 小时）；第二是作备用，备用发电机组平时处于停机等待状态，只有当主用电源全部故障断电后，备用柴油发电机组才起动运行供给紧急用电负荷，当主用电源恢复正常后，随即切换停机。

备用柴油发电机的选购：肉鸡场生产生活用电总负荷容量之和乘以系数 1.2，即是购买应急柴油发电机组需要的最低容量。现在市场上的柴油发电机组品牌很多，在进行购买的时候都感到非常的迷茫，不知道哪个机组的品牌好。其实，判断一台发电机的好与差，不能从价格和质量上下定论，要根据自己的使用实际情况综合考虑，最符合自己经济利益的机组就是最好的。

（2）自动化控制装置

自动控制是微机发挥其强大作用的重要方面，由于微机、传感技术及机械传动技术的迅速发展，已经成功地实现了对鸡舍内环境、供料供水、体重监测等方面的自动控制。各栋鸡舍的控制系统均与鸡场办公室的中央计算机相连接，可随时反映鸡舍内的环境状况及鸡群动态。计算机系统还可连接一个便携式报警器，由鸡场管理者带在身边，当鸡舍内发生异常情况时可及时报告管理人员。自动监控舍内温度、湿度、空气质量等环境参数，微电脑自动控制通风、加湿消毒、加热、照明等设备。将禽舍环境控制在设定的适宜范围，为畜禽的生产创造最佳的环境，从而达到"低耗高效，绿色养殖"的目的。

（3）视频监控系统

近些年，现代化的鸡舍里开始安装电子监控设备，实行"数字化"养殖。通过操作电脑，不用进鸡舍就能利用视频监控系统将鸡舍里的情况看得一清二楚，全方位了解每个鸡舍肉鸡的生长、进食等情况。每天只需坐在电脑前，就能掌握鸡舍内的肉鸡生长、喂食饮水、饲料喂养、用药消毒、环境卫生等情况。此外，通过电脑还可以调节鸡舍内的温度和湿度，最大限度地满足肉鸡生长的温度和湿度需要。

（4）加药器和过滤器

加药器直接安装于供水管路上，无需电力、马达启动；计量精确，水和药液能够自动均匀混合，添加比例可简单快速调节。吸药管下的过滤器装置，有效地排除了杂质以及沉淀物。加药器前加过滤器是为了过滤饮水线中的杂质，保护加药器本身不被杂质损害，因为现在加药器采用PVDF材料，内腔都是密封的，有划痕会影响气密性，造成加药不准；可随时更改品种及剂量，紧急情况下即时加药方便、投药迅速。

（5）断喙机

断喙机用于把鸡嘴外壳部分切掉，又叫切嘴机，用以减少饲料的浪费，防止鸡群相互叼啄和啄肛；采用低速电机，通过链杆转动机件，带动电热动刀上下运动，并与定位刀片自动对刀，快速完成断喙、止血、消毒。安装了光电计数装置，其特点是一次遮光连续断喙，不会重复计数。

（6）光照及控制装置

光照在肉鸡生长、生产过程中的作用和影响极大。科学、合理地补充光照不仅能促进肉鸡的正常发育，还能降低发病率和死亡率，有利于提高肉鸡的养殖效益。肉鸡舍照明补光主要采用的电光源为白炽灯和荧光灯，光照时间的控制多采用自控灯装置计时器，也可人工定时开关灯；光照强度的控制一般采用调压变压器，也可通过更换灯泡瓦数大小简单控制。LED 作为一种先进的现代照明技术，以其固有的优越性正吸引着各行业的目光。基于 LED 光源的特性和家禽生长对光需求的特点而开发的用于规模化家禽养殖的 LED 灯，在安全生产、节能环保等方面具有重要的意义。国内绝大多数规模养殖农场使用的还是普通白炽灯或节能灯，这些禽舍照明灯普遍存在寿命短、易碎、易腐蚀、能效低等缺点（特别是白炽灯）。而 LED 灯不仅具有防水、防尘、易清洗的特点；同时还具有寿命长和能效高的优点，其固有的发光效率，较传统照明灯节能 50% 以上。

七、肉鸡场建设和设备安装的质量控制

1. 肉鸡场土建工程质量控制

建筑工程土建施工质量不佳，既影响着肉鸡场建筑工程结构物的安全，同时会使建筑工程结构物的施工成本加大。因此控制建筑工程施工质量非常重要。建筑工程土建施工项目质量问题表现形式多种多样，如建筑构筑物的错位、变形、倾斜、倒塌、破坏、开裂、渗水、漏水、刚度差、强度不足、断面尺寸不准等。

（1）施工前的质量控制。首先，要建立各级质量责任制，明确项目工程质量的第一责任人，施工队各级也应同时建立质量责任制，真正做到了层层把关，各负其责。其次，要实施质量随时监控，发现质量隐患及时处理。最后，要搞好设计交底和图纸会审。工程开工之前，需识图、审图，再进行图纸会审工作，在建筑工程项目开工前，相关技术人员应认真细致地分析施工图纸，从有利于工程施工的角度和利于建筑工程质量方面提出改进施工图意见。要对有关设计、勘察文件认真阅读、审查监督。同时形成信用约束力，促使建设主体改进质量管理保证体系，有效促进质量体系良性运作，规范所有主体各个层次、各个环节的质量行为，严格内部质量管理制度和质量检查控制，实现设计和勘察文件的质量满足有关法律、法规和强制性标准的要求。

（2）施工过程中的质量控制。首先是原材料的质量控制。结构工程所用的钢筋、砖、水泥、沙、石子等原材料必须符合施工质量的要求，必要时可见证取样后，送至国家认可资质的实验室做复验。一旦发现未经检验或试验不合格的材料使用到工程上，监理人员应立即制止，对不听劝告的，立即责令其停止施工。其次是隐蔽工程的质量控制。地基隐蔽验收。

重点检查地基承载力是否符合设计要求，是否存在软弱下卧层、实际地质情况是否与勘测报告相符合等。确认地基土符合要求后，才能进行下道工序施工。钢筋分项工程隐蔽验收。主要是合理设置质量控制点，提前给施工单位负责人交底，不经验收合格不准隐蔽。基础结构验收、主体结构验收。基础、主体结构工程隐蔽之前，应组织有关专业技术人员进行验收，待确认砖砌体组砌方法正确、灰梁饱满度＞80％、结构砖砌砂浆试块试压强度符合设计要求、砼无缺陷而且砼强度达到设计强度等级后，才能进行隐蔽。

（3）施工后的质量控制。施工后的质量监督管理是建设工程投入使用的监督管理把关。首先要保证不符合质量标准要求的工程不能投入使用，避免低劣土建工程对肉鸡场今后的生产运行造成直接的危害和影响。

2. 肉鸡场主要生产设备安装工程质量控制

负责新建肉鸡场的主管人员要早在项目动工之初就开始着手考虑肉鸡场的设备安装问题，因为在鸡场建设的整个过程当中，较多细节都和设备的安装密切相关。鸡舍主体构造设计应该与鸡舍成套设备的采购选择同时进行，如果条件允许，尽量把舍内全套设备安装外包于信誉良好的大型肉鸡设备制造企业，这样较多关于设备布局、设备之间相互关联和影响的问题都会得到较专业、系统的处理。如果条件不允许，要分别使用多家设备，或者厂家只提供指导性安装，那么鸡场的设计和安装人员就要全面考量安装过程中方方面面的细节，确保设备在日后的使用中万无一失。肉鸡养殖场设备一般主要包含肉鸡笼、清粪机械、自动料线、饮水线等。

（1）肉鸡笼：安装笼具时首先要先装好笼架，用笼卡固定连接各笼网，使之成为笼体。然后在笼架上安装饲槽、水槽，最后挂上笼体。对于中下层笼体一般挂在笼架突出的挂钩上，笼体隔网的前端有钢丝挂钩挂在饲槽边缘上，以增强笼体前部的刚性，在每一大笼底网的后部中间另设两根钢丝，分别吊在两边笼架的挂钩上，以增加笼体底网后部的刚度。上层鸡笼由两个外形尺寸相同的笼体背靠背装在一起，两个底网和两个隔网分别连成一个整体，以增加刚度，隔网前面的挂钩挂住饲槽边缘，底网中间搁置在笼架的纵梁上。

（2）清粪机械：清粪机的安装就比较简单，只要在安装时注意一些事项即可。在安装时主机所用水泥地角固定装置应埋入地下50厘米，转角轮露出地面的部分不要过长，转角轮外切线与粪道中心线重合。在使用前要对减速机注油口加注齿轮油或机油，以免减速机发热。在使用的过程中要保持减速机注油口大油塞上面的小孔畅通。

（3）自动料线：安装主要分两部分进行，一是副料线系统安装，由料斗、输料管、绞龙、料盘、悬挂升降装置、电机和料位传感器组成。其主要功能是把料斗中的料输送到每个料盘中去，保证肉鸡的食用，并由料位传感器来自动控制电机的输送启闭，达到养鸡设备自动送料的目的。二是肉鸡喂料盘的安装，料门开关可调节出料量，调节方式方便、快捷、准确。V形波纹盘底可减少盘底的存料量，方便鸡只采食，料盘的边缘向盘中心倾斜，以免饲料洒出造成浪费，平滑内倾的外沿可防止肉鸡嗉囊受伤，保证鸡只安全舒适地进食。

（4）饮水线：重点在于两点，一是管线布局合理，二是接口封胶要结实牢固。从主水管开始要把过滤器、水表和日用水龙头等位置安排妥当，还要注意分向饮药大桶的分支及大桶通过药泵向舍内进水的路线，对各路功能和使用的细节多加考虑，尽量将管线布置得既方便实用又美观省料。饮水线的材质及其附属管材大都为 PVC 材质，所以管件相接办法是涂胶或者内外丝口对接。这些接法操作简易也比较快速，但是操作时务必认真仔细，因为胶水不匀或者没有粘到位容易造成后期的饮水线漏水，一旦在鸡舍进鸡以后发生问题维修起来是较不便的。

（5）通风系统：现代密闭鸡舍所使用的通风系统主要有自动控制柜、排风扇和进风小窗等部分。其中安装要注意的部分在于排风扇，因为这一部分是将来需要经常保养和维护的，比如给轴承等部位上润滑剂、更换风机皮带等，所以在安装的时候要考虑到上述部位的拆卸维护，不可采取全嵌入式的安装，以免给日后维修带去不便。

（6）湿帘降温系统：湿帘降温系统的安装主要分湿帘主体部分安装和上下水走管两部分。湿帘部分的安装力求与预留的湿帘窗吻合，安装要求必须牢固可靠，湿帘与墙体密闭良好，可以使用发泡剂和密封胶来处理。上下水管布局要使得湿帘在使用时，上水均匀全面，回水通畅及时，所以在选材和管道走向角度上要力争合理，精益求精。

水电安装质量控制：一是加强对进场的水电安装原材料、成品、半成品、构件、零部件、设备等的管理，不合格的产品不准使用，进场的产品、半成品、构件都要有合格证或质量证明文件和检验合格标志。二是根据施工进度计划编制工程项目质量检查计划，根据检查计划对工程施工工序进行质量抽检。以"关键工序""特殊过程"或"质量控制点"的施工质量为重点进行跟踪检查，不符合要求的，将给予一定经济处罚。三是对施工中出现的质量问题，及时进行纠正或制定纠正、预防措施。

　　3. 园林绿化工程的施工质量管理

　　园林绿化工程与其他的工程建设一样，质量是第一位的，每一个园林绿化施工都是一个艺术创造的过程，施工质量的好坏直接影响到园林绿化工程的品质。园林绿化工程质量是靠管理人员和施工人员共同努力控制的，应当按照现场质量管理组织机构的形式，逐级根据绿化工程合同进行技术交底和施工交底。确保每个工程管理人员和施工人员都了解和熟悉本工程的施工技术和质量要求。全面控制园林绿化工程施工过程的施工工艺及控制重点工序质量是构成合格工程质量的基础。综合性园林绿化工程项目都是由土方工程、绿化种植、建筑小品、水电安装、园路铺设、水景工程等若干个分项、分部工程组成，要确保整个工程项目的质量达到整体优良，就必须全面控制施工过程，使每一个分项、分部工程都符合质量标准，对每一道工序都必须严格按照工艺要求进行施工，并按照质量标准严格检查。加强园林绿化工程后期养护管理是园林绿化工程质量控制不可缺少的环节。目前，园林绿化工程合同期内的养护，一般规定从工程竣工到工程移交至少需两年，即绿化养护期规定为苗木两个生长季节，目的就是确保绿化苗木成活，生长良好。园林绿化工程后期养护管理是苗木成活的关键，如果园林绿化工程施工优良，但绿化养护管理不到位，将严重影响园林绿化工程景观效果，影响工程质量。俗话说："三分栽，七分管。"如果后期养护管理不到位，那么前期的绿化种植将会前功尽弃。因此，必须加强园林绿化工程后期养护管理工作，确保工程质量。

第二章　肉鸡养殖饲料营养管理流程

第一节　饲料营养成分和饲料分类

肉鸡的饲料主要由能量饲料、蛋白质饲料、矿物质饲料和饲料添加剂等组成。

一、能量饲料

能量饲料是指那些富含碳水化合物和脂肪的饲料，在干物质中粗纤维含量在18％以下，粗蛋白质在20％以下。它是动物维持体温和一切生命活动最主要的营养物质，主要包括玉米、糙米及碎米、麦麸、米糠类、油脂类等。

1. 玉米。玉米素有"饲料之王"的称号，是肉鸡最理想的能量饲料。其含能量高，适口性好，淀粉含量可高达70％，消化率高；粗纤维含量少，仅2％；脂肪含量高达4％左右，必需脂肪酸含量高达2％，是谷类籽实中含量最高者。黄玉米对肉鸡腿、喙和皮肤的着色有明显的作用。在配合饲料中占用量比例的50％～70％。

2. 糙米及碎米。糙米含粗蛋白质8％左右，淀粉70％左右，粗脂肪2％，有效能值高，是良好的能量饲料。用糙米喂育成鸡的效果比较好。

碎米的营养成分变异最大，粗蛋白质含量介于5％～11％，粗纤维含量变动于0.2％～2.7％，淀粉含量在60％～80％之间。

糙米、碎米可部分替代玉米。用糙米等量替代玉米，可提高平均日增重和饲料转化率，但要注意饲粮中维生素A的补充及对肉鸡皮肤、喙等着色的影响。在饲粮配比中占用量比例的20％～40％。

3. 麦麸。麦麸是麦子加工的副产品，包括小麦麸和大麦麸，属粗蛋白质和粗纤维含量较高的中低档能量饲料。其营养价值与麦子加工精度有关，加工越精，麸皮的营养价值越高。麸皮适口性好，粗蛋白质含量常在

14%左右。其在成年鸡饲料配比中可占 7%～10%，育成鸡饲料中的适宜比例为 5%～7%。

4. 米糠类。米糠是精制糙米时由稻谷的皮糠层部分及胚芽构成的副产品，属于蛋白质含量较高的能量饲料，但蛋白质的质量较差，各种必需氨基酸都不能满足鸡的需要。通常用在雏鸡和育肥鸡日粮中，用量不宜超过 8%，育成鸡不超过 20%。饲喂中搭配 40%～50% 的玉米较好，一般在配合饲料中用量比例可占 8%～12%。米糠中含有较多的脂肪，不耐贮存。

5. 油脂类。油脂类含有效能值高，在鸡饲料中添加油脂，主要是为了提高能量的浓度，还可以减少饲料的浪费和饲料粉尘，并有利于减少饲料加工机械磨损和颗粒制粒的成型。

二、蛋白质饲料

蛋白质是维持机体正常代谢，生长发育，繁殖和形成肌肉、羽毛等禽类产品的最重要的营养物质。蛋白质饲料是粗纤维含量在 18% 以下、粗蛋白质含量在 20% 以上的饲料，它们的能量含量约与能量饲料相当，因粗蛋白质含量高，所以能弥补能量饲料中粗蛋白质含量的不足。主要包括植物性、动物性和微生物蛋白质饲料。

1. 大豆粕（饼）。大豆粕（饼）是将大豆榨油后所得的副产品，蛋白质含量高（一般在 40% 以上），氨基酸组成较好，适当加热处理常作为平衡配合饲料氨基酸的蛋白质饲料，但蛋氨酸含量低。一般在肉鸡配合饲料中用量可占 15%～25%。

2. 棉籽粕（饼）。带壳榨油后剩下的残渣做成的饼称棉籽饼，脱壳榨油后剩下的残渣做成的饼称棉仁饼。去壳棉籽粕（饼）的蛋白质质量在粕（饼）中较好，含较丰富的磷、铁、锌，但赖氨酸含量低。喂前应采用脱毒措施，未经脱毒的棉籽饼喂量不能超过配合饲料的 3%～5%。

3. 鱼粉。鱼粉是配制全价配合饲料用的高档蛋白质补充料，是最理想的动物性蛋白质饲料，其蛋白质含量高达 45%～60%，而且赖氨酸、含硫氨基酸和色氨酸等必需氨基酸含量也很丰富。一般在配合饲料中用量占 5%～15%。

4. 肉骨粉和血粉。肉骨粉粗蛋白质含量达 40% 以上，蛋白质消化率达 80%，一般在配合饲料中用量 5% 左右。血粉是一种良好的蛋白质饲料，含粗蛋白质 80% 以上，一般占配合饲料中用量的 1%～3%，不宜喂幼鸡。血粉应为健康动物新鲜血液经过脱水粉碎或喷雾干燥制成的产品，不得掺入血液以外的物质，呈褐色或黑褐色粉末状，色泽新鲜，无霉变、腐败、结块、异味，水分含量不超过 10%。

三、矿物质饲料

矿物质饲料是指一些金属或非金属元素，在饲料中以有机盐或无机盐的形式存在，是肉鸡正常生长发育中所不可缺少的，有抑制体液平衡，调节渗透压、酸碱平衡和激活酶系统作用。矿物质饲料主要是为了补充植物性和动物性饲料中某种矿物质元素的不足而利用的一类饲料。常用来补充钙的矿物质饲料有碳酸钙石粉、贝壳粉、蛋壳粉等，补充磷的矿物质饲料有骨粉、磷酸钙、磷酸氢钙等。

1. 磷酸氢钙。磷酸氢钙为白色粉末，含有大量的钙和磷。饲料级磷酸氢钙经脱氟处理后氟含量小于 0.2%，磷含量大于 16%，钙含量在 20% 左右。主要用于改善饲料中含磷量不足，在配合饲料中用量一般在 1.5%～2.5%。

2. 贝壳粉。贝壳粉是牡蛎等贝类的贝壳经粉碎后制成的产品，为灰白色片状或粉末状，含钙量为 30%～37%，是最好的钙质矿物质饲料。一般在鸡配合饲料中，育雏及育成阶段用量 1%～2%。

3. 食盐。一般植物性饲料中含钠和氯较少，常以食盐的形式补充，保证鸡体正常新陈代谢，还可以提高饲料的适口性，增进鸡的食欲，用量可占日粮的 0.3%～0.4%。

4. 沙砾。沙砾有助于肌胃中饲料的研磨，舍饲鸡或笼养鸡要注意补给。据研究，鸡吃不到沙砾，饲料消化率要降低 20%～30%。

四、饲料添加剂

为了满足鸡的营养需要，完善日粮的全价性，需要在饲料中添加原来含量不足或不含有的营养物质和非营养物质，以提高饲料利用率，促进鸡生长发育，防治某些疾病，减少饲料储藏期间营养物质的损失或改进产品品质等，这类物质称为饲料添加剂。饲料添加剂在饲料中用量很少但作用显著，是现代饲料工业必须使用的原料，对强化基础饲料营养价值，提高动物生产性能，保证动物健康，节省饲料成本，改善畜禽产品品质等方面有明显的效果。根据饲料添加剂的作用，我们可以把它简单地分为两种，即营养性添加剂和非营养性添加剂。

1. 营养性添加剂

营养性添加剂的主要作用是补充天然饲料中氨基酸、维生素及微量元素等营养成分，平衡和完善畜禽日粮，提高饲料的利用率，是最常用、最重要的一类添加剂。

（1）氨基酸添加剂。氨基酸添加剂的主要作用是提高饲料蛋白质的利用率和充分利用饲料蛋白质资源，主要由人工合成或通过生物发酵生产。肉鸡配合料中常用的有赖氨酸和蛋氨酸。

1）赖氨酸：是畜禽饲料中最易缺乏的氨基酸之一。商品赖氨酸是赖氨酸盐，色泽从类白色到浅黄褐色，具有特有的腥味，易溶于水。近年来研究发现，日粮中赖氨酸水平影响肉仔鸡胴体品质，而胸肉和腹脂是肉仔鸡重要的胴体性状。赖氨酸能增强机体免疫功能，添加应以补足配合料中赖氨酸的不足为原则，添加超过需要量，会增加配合料成本，甚至影响肉鸡的生产性能，一般添加比例为 0.1%～0.2%。

2）蛋氨酸：蛋氨酸又名甲硫氨酸，作为禽类玉米－豆粕型日粮的第一限制性氨基酸，参与体内 80 多种代谢过程。商品蛋氨酸是一种片形的结晶或粗粉，色泽为白色或黄白色，在阳光下有许多反光点，手捻之非常光滑，有含硫氨基酸特有的甜味或硫缓慢氧化的臭味。蛋氨酸有促进家禽生长、改善肉品质、提高机体免疫力和抗氧化等功能。研究表明，与其他氨基酸不足相比，蛋氨酸缺乏时对肌肉的生长抑制最为重要。一般配合料中的添加量为 0.05%～0.15%。

（2）复合维生素添加剂。复合维生素添加剂是指根据鸡的营养需要，由多种维生素、稀释剂、抗氧化剂按比例、次序和一定的生产工艺混合而成的饲料预混剂。复合维生素一般不含维生素 C 和胆碱，所以在配制饲料时一般还要另外加入氯化胆碱。如鸡群患病、转群、运输及其他应激时，需要在饲料中另外加入维生素 C。维生素用量虽小，但作用大，有提高产品质量、增强机体免疫功能、抗应激、预防缺乏症等作用。

（3）微量元素添加剂。肉用仔鸡生长速度很快，对微量元素缺乏很敏感，肉用仔鸡饲料中如果不添加微量元素，几乎都会发生微量元素缺乏症。一般配合料中的添加量为 0.1%。

2. 非营养性添加剂

非营养性添加剂是在正常饲养管理条件下，为提高畜禽健康状况，节约饲料，提高生产能力，保持或改善饲料品质而在饲料中加入的一些成分，这些成分通常本身对畜禽并没有太大的营养价值，但对促进畜禽生长、降低饲料消耗、保持畜禽健康和保持饲料品质有重要意义。

（1）抗氧化剂。抗氧化剂即为防止或延缓饲料中某些活性成分发生氧化变质而添加于饲料中的制剂。主要用于含有高脂肪的饲料，也常用于含维生素的预混料中。可作为饲料抗氧化剂的物质很多，如 L - 抗坏血酸、丁羟甲苯、丁羟甲氧苯、生育酚、乙氧基喹啉等，还包括其他用于食品的抗氧化剂。

（2）酶制剂。酶制剂是公认的安全高效饲料添加剂。酶是动物、植物机体合成，具有特殊功能的蛋白质。是促进蛋白质、脂肪、碳水化合物消化的催化剂，并参与体内各种代谢过程的生化反应。饲料中添加外源性酶的作用是消除抗营养因子、减少消化道疾病、提高养分消化率，进而起到改善生产性能的作用。

（3）酸化剂。饲料中添加酸化剂能调节消化道 pH，可提高消化酶活性、抑制有害微生物、调节消化道微生物生态平衡、供能等，进而具有提高饲料转化率、预防疾病等作用，饲料中添加枸橼酸有抗热应激作用。

第二节　肉鸡的营养需要标准

营养需要是指动物达到期望的生产性能时，每天对能量、蛋白质、氨基酸、矿物质、维生素等养分的需要量。肉鸡必需的营养物质主要包括能量、蛋白质、氨基酸、脂肪酸、矿物质元素、维生素和水。不同生长阶段肉鸡对各种营养物质的需要量不同。

一、优质肉鸡的营养标准

黄羽鸡按生长速度和肉质来分，可分为优质型、普通型和快速型三类。优质型黄羽肉鸡生长期在 90 天以上，其营养需要与土鸡接近；快速型黄羽肉鸡生长期为 60 天，饲粮营养水平略低于白羽肉鸡水平；普通型黄羽肉鸡一般在 70 日龄左右上市，饲粮营养水平介于优质型和快速型两者之间。表 2 - 1 至表 2 - 3 是中华人民共和国农业行业标准 NY/T33—2004《黄羽肉鸡（优质肉鸡）的饲养标准》。

表 2-1　黄羽肉鸡常规营养成分需要

营养指标	单位	周龄		
		公鸡0～4 母鸡0～3	公鸡5～8 母鸡4～5	公鸡>8 母鸡>5
代谢能	兆焦/千克	12.12	12.54	12.96
粗蛋白质	%	21.0	19.0	16.0
钙	%	1.00	0.90	0.80
总磷	%	0.68	0.65	0.60
有效磷	%	0.45	0.40	0.35
赖氨酸	%	1.05	0.98	0.85
蛋氨酸	%	0.46	0.40	0.34
蛋氨酸＋胱氨酸	%	0.85	0.72	0.65

表 2-2　黄羽肉鸡微量元素需要量

营养指标	单位	周龄		
		公鸡0～4 母鸡0～3	公鸡5～8 母鸡4～5	公鸡>8 母鸡>5
氯	%	0.15	0.15	0.15
铁	毫克/千克	80	80	80
铜	毫克/千克	8	8	8
锰	毫克/千克	80	80	80
锌	毫克/千克	60	60	60
碘	毫克/千克	0.35	0.35	0.35
硒	毫克/千克	0.15	0.15	0.15
亚油酸	%	1	1	1

表 2-3　黄羽肉鸡维生素需要量

营养指标	单位	周龄		
		公鸡 0~4 母鸡 0~3	公鸡 5~8 母鸡 4~5	公鸡>8 母鸡>5
维生素 A	国际单位/千克	5000	5000	5000
维生素 D	国际单位/千克	1000	1000	1000
维生素 E	国际单位/千克	10	10	10
维生素 K	毫克/千克	0.5	0.5	0.5
硫胺素	毫克/千克	1.8	1.8	1.8
维生素 B_2	毫克/千克	3.6	3.6	3.6
泛酸	毫克/千克	10	10	10
烟酸	毫克/千克	35	30	25
吡哆酸	毫克/千克	3.5	3.5	3.0
生物素	毫克/千克	0.15	0.15	0.15
叶酸	毫克/千克	0.55	0.55	0.55
维生素 B_{12}	毫克/千克	0.010	0.010	0.010
胆碱	毫克/千克	1000	750	500

二、快大型肉鸡的营养标准

根据肉鸡的生长发育特点，营养需要重点是前期饲养强调蛋白质的水平，而后期强调饲粮的能量水平。表 2-4 至表 2-6 是中华人民共和国农业行业标准 NY/T33—2004《中国肉用仔鸡饲养标准》。

表 2-4　中国肉用仔鸡常规营养成分需要

营养指标	单位	周龄		
		0~3	4~6	7 周至出栏
代谢能	兆焦/千克	12.54	12.96	13.17
粗蛋白质	%	21.5	20	18
钙	%	1.00	0.90	0.80
有效磷	%	0.45	0.40	0.35

续表

营养指标	单位	周龄		
		0～3	4～6	7周至出栏
赖氨酸	％	1.15	1.00	0.87
蛋氨酸	％	0.50	0.40	0.34
蛋氨酸＋胱氨酸	％	0.91	0.76	0.65

表 2－5　中国肉用仔鸡微量元素需要量

营养指标	单位	周龄		
		0～3	4～6	7周至出栏
铁	毫克/千克	100	80	80
铜	毫克/千克	8	8	8
锰	毫克/千克	102	100	80
锌	毫克/千克	100	80	80
碘	毫克/千克	0.7	0.7	0.7
硒	毫克/千克	0.3	0.3	0.3
亚油酸	％	1	1	1

表 2－6　中国肉用仔鸡维生素需要量

营养指标	单位	周龄		
		0～3	4～6	7周至出栏
维生素 A	国际单位/千克	8000	6000	2700
维生素 D	国际单位/千克	1000	750	400
维生素 E	国际单位/千克	20	10	10
维生素 K	毫克/千克	0.5	0.5	0.5
硫胺素	毫克/千克	2.0	2.0	2.0
维生素 B_2	毫克/千克	8	5	5
泛酸	毫克/千克	10	10	10

续表

营养指标	单位	周龄		
		0～3	4～6	7 周至出栏
烟酸	毫克/千克	35	30	30
吡哆酸	毫克/千克	3.5	3.0	3.0
生物素	毫克/千克	0.18	0.15	0.10
叶酸	毫克/千克	0.55	0.55	0.50
维生素 B_{12}	毫克/千克	0.010	0.010	0.007
胆碱	毫克/千克	1300	1000	750

第三节　饲料加工生产与采购管理标准

一、配合饲料类型

配合饲料是指根据不同品种、不同生长阶段、不同生产要求的营养需要，按科学配方把不同来源的饲料原料，依一定比例均匀混合，并按规定的工艺流程生产以满足各种实际需求的饲料。

1. 按营养成分分类：可分为预混料、浓缩料和全价料。

（1）预混料是饲料半成品，可供生产浓缩饲料和全价饲料使用，不能直接饲喂动物，是配合饲料的核心，在配合饲料中所占比例很小，但作用很大，其添加量为全价饲料的 0.5%～5%。生产预混料的目的是将添加量极微的添加成分经过稀释扩大，使其中的有效成分能均匀地分散在浓缩饲料和全价饲料中，以使肉鸡采食的每一部分全价料均能提供全价的营养，并避免某些微量成分在局部聚集造成中毒。

在实际加工生产中，我们应注意按推荐量使用，有的养殖户将预混料当作调料使用，添加量不足；有的养殖户将预混料当成了万能药，盲目增加添加量；有的将不同厂家的产品混合使用。因预混料中均添加了微量元素、维生素和防病保健添加剂等，使用时应按推荐量添加，否则会造成营养失衡，引起代谢失调甚至药物中毒，达不到应有的效果。

（2）浓缩料是配合饲料厂生产的半成品，蛋白质含量高，由维生素、微量元素、氨基酸、促生长或防疫药物等添加剂预混料和含钙、磷的矿物质饲料、蛋白质饲料与食盐等组成。通常占全价配合饲料的 $20\%\sim30\%$。

（3）全价料又称配合饲料，是能够全面满足肉鸡的营养需要，不需要另外添加任何营养性物质即可直接饲喂的配合饲料。我国许多饲料加工企业生产系列的肉鸡全价饲料，用户可以直接购买。大型肉鸡养殖场一般都有饲料车间，可按鸡群需要生产全价配合饲料。有一定条件的养殖户或者专业户也可以自配全价饲料。

2. 按饲料形态分类：可分为粉状饲料、颗粒饲料和碎粒料。

（1）粉状饲料将各种饲料原料磨碎后，按一定比例混合均匀而成。粉状饲料的加工工艺简单，耗电少，成本低，易与其他饲料搭配饲喂，使用方便。但是在饲喂过程中粉尘大，营养成分受环境影响较大，使畜禽易挑食、抛撒，运输过程中容易造成分级而使混合不均匀。粉粒的细度应在1～2.5毫米。肉鸡的种鸡一般采食粉状饲料。

（2）颗粒饲料是将配合好的全价饲料经颗粒机制粒得到的块状饲料。颗粒饲料多呈圆柱状，适口性好，可以提高采食量，减少饲料浪费，杀灭病原微生物，避免饲喂过程中挑食、运输中分级和鸡舍内粉尘过多现象。肉鸡采食颗粒饲料比采食粉状饲料的速度要快，这样可以减少进食过程中的维持能量的消耗。肉用仔鸡一般都采用颗粒饲料，但要注意肉种鸡育成期限制饲养阶段，采用颗粒饲料易引起采食不均和啄食。

（3）碎粒料是颗粒饲料的一种特殊形式，主要用于饲喂雏鸡。碎粒料是将生产好的颗粒饲料经过磨辊式破碎机破碎成2～4毫米大小的碎粒。有试验证明，0～2周龄的雏鸡饲喂碎粒料与饲喂粉状饲料相比，饲喂碎粒料的雏鸡采食量增加，周龄体重和日增重要高于饲喂粉状饲料的雏鸡。

3. 按生理阶段分类：肉鸡的饲料配方目前一般采用三段式，即 0～3 周为前期，4～6 周为中期，7 周到出栏为后期。

二、饲料的配制原则

1. 注意配制科学性，符合家禽的营养需要

配制肉鸡日粮时，以肉鸡饲养标准为依据，考虑肉鸡对主要营养物质的需要，结合鸡群生产水平和生产实践经验，对饲料标准某些营养指标可用 10% 上下的调整。在确定适宜的能量水平时，要以饲养标准为依据，不可与标准差别太大，因为肉仔鸡日粮就是要求高能量高蛋白，当能量水平过低时会影响日增重，降低饲料报酬。

（1）能量与蛋白质的平衡

肉鸡进行生命活动，必须要有一定的基本能量。能量以饲料中的蛋白质、碳水化合物以及脂肪为主要来源。蛋白质不仅是构成机体细胞的基础物质，也是构成各种功能酶和激素的原料。

肉鸡摄取饲料主要是为了满足必要的能量，当能量得到满足时采食即会停止。如果日粮中能量不足，则要分解蛋白质来满足对能量的需要，从而造成蛋白质的浪费。但能量过高时，鸡采食量减少，又会造成蛋白质不足，影响生长。因此，饲料中蛋白质、维生素、矿物质等必需营养物质的含量，应与饲料中能量的比例适当，才能达到耗料少、增重快、产蛋多的目的。

（2）蛋白质与氨基酸的平衡

动物体细胞主要成分是蛋白质，鸡体蛋白是由饲料蛋白转化而来的。所以，能否经济而有效地利用饲料蛋白质是养鸡成本高低的关键。

蛋白质是一种高分子有机化合物，在体内经水解形成多种氨基酸。因此，氨基酸是构成蛋白质的基本单位。所谓饲料蛋白质的品质好，是指日粮中蛋白质含有鸡所需要的各种氨基酸，而且比例适当；品质差，则表明蛋白质中所含氨基酸不全面或比例不当。因此，蛋白质的生物学价值并不取决于蛋白质的含量多少，而取决于它的利用率高低。只有各种必需氨基酸平衡，才能提高蛋白质的利用率。氨基酸种类很多，但构成蛋白质的只有 20 多种，其中有半数鸡体内无法合成或合成不能满足需要，必须由饲料供给，这样的氨基酸称必需氨基酸。如果必需氨基酸摄取量不足，就难以发挥鸡的生产能力。很多试验表明，通常饲料配合中，蛋氨酸或蛋氨酸加胱氨酸（在体内有协同作用）为第一限制性必需氨基酸，其次为赖氨酸与色氨酸。所以，在配制日粮时应尽量满足上述 3～4 种氨基酸。几种饲料配合使用，可以取长补短达到平衡，提高利用率。

（3）钙磷需要量及比例

钙与磷都是骨的主要成分，鸡体内矿物质总量的 65％～70％是钙和磷的化合物。骨骼中的钙占全身总量的 99％，其余 1％存在于血液、淋巴液及其他组织中。钙对蛋壳的形成、血液的凝固，与钠、钾一起保持心脏、肌肉、神经的正常功能，维持体内酸碱平衡等都起到很重要的作用。骨中磷占全身磷的 80％，在鸡体无脂物中占 0.8％，大部分呈有机状态，与各种代谢有关。它是核酸、高能磷酸、磷蛋白、磷脂、磷酸肌酐、磷酸己糖的成分。血液中也含部分磷。

配制日粮时，除应注意满足钙、磷的需要外，还要按饲养标准注意钙磷的适当比例。因为磷的吸收与钙在饲料中的存在量关系很大，如果日粮中钙磷比例不适当，或者呈结合状态，不易溶解，就会使吸收量降低而发生缺乏症。钙含量过多，既对雏鸡生长有害，也影响磷、镁、锰、锌等元素的吸收。一般情况下，钙磷比例肉鸡以（1.1～1.5）∶1为宜。

鸡对植酸磷的利用率较低，雏鸡约30%，产肉鸡约50%；而无机磷可100%利用。因此，日粮中必须补充一部分无机磷，在日粮中缺少鱼粉时尤应特别注意。

（4）微量元素和维生素

大部分微量元素是激素和酶的成分，与维生素同样是物质与能量代谢过程中的活性物质，对调节体内物理化学反应和渗透压，保持体液酸碱平衡及机体代谢起着不可替代的作用。肉鸡消化道内微生物少，大多数维生素体内不能合成；有的虽能合成，但不能满足需要，必须从饲料中摄取。对于微量元素，应根据各地区的具体情况和饲料来源酌定，但微量元素添加量不能超过标准，否则会引起中毒。

（5）粗纤维含量限度

鸡体温高、生长快、物质代谢旺盛，因此，比其他动物需要更高的营养水平。还由于鸡没有牙齿，完全靠肌胃中的砂石来磨碎食物，又由于肠道短（食物通过的时间亦短），而且盲肠对饲料的消化作用不大，所以鸡对粗纤维的消化能力较低。若纤维过多，营养水平与鸡的生理特点便不相适应，影响其他营养成分的消化吸收，造成饲料浪费。但纤维过少时肠蠕动不充分，鸡没有饱食感，易发生恶食癖等。鸡日粮中粗纤维含量应以2.5%～5%为宜。

（6）动物性饲料与植物性饲料的平衡

配制家禽日粮时，要注意动物性饲料与植物性饲料的搭配，以提高饲料利用效率。常用的动物性饲料有鱼粉、虾糠、血粉、蚕蛹等，也可用鲜鱼、虾、蚌肉、蚯蚓等代替。动物性饲料的作用主要是平衡必需氨基酸，改变饲料中脂肪酸组成，影响饲料代谢能值和维生素的平衡以及对肠道内细菌群繁殖发生影响，而且含有所谓未知生长因子。配制日粮时，鱼粉含2%～5%即可，最多不超过7%，其他动物性饲料也以不超过10%为宜。

（7）日粮中的其他营养物质

水占鸡体的60%～70%，对消化、吸收、代谢、调节体温等均有重要的作用，所以要供给清洁适量的饮水。鸡的饮水量受气温、湿度、体重、产蛋率、饲料成分及限喂等因素的影响。

食盐能提供鸡正常生理功能所需的钠离子和氯离子。配制日粮时，应把鱼粉含盐量考虑进去，以防食盐过量，造成中毒。

2. 注意饲料配制的质量，确保好的饲喂效果

1）注意饲料多样化，提高营养物质利用率

多种饲料搭配使用，可以充分发挥各种原料之间的营养互补作用，保证营养物质的完善，有利于提高饲料的消化率和营养物质的利用率。

2）注意安全性，符合饲料卫生质量标准

制作饲料配方选用的各种饲料原料，包括饲料添加剂在内，必须注意安全，保证质量，对其品质、等级必须经过检测（《饲料卫生标准》GB13078—2001）。

3）注意价格与价值的关系，确保实用性和经济性

制作饲料配方必须保证较高的经济效益，以获得较高的市场竞争力。为此，要因地制宜，充分开发和利用当地来源有保障、价格便宜、营养价值高的饲料资源，尽量节省运输费，降低配合饲料的成本。

4）注意保证饲料原料质量

在饲料原料采购时要注意原料的质量。选用新鲜原料，严禁用发霉变质的饲料原料；注意鉴别饲料原料的真假，禁用掺杂使假、品质不稳定的原料；慎用含有毒素和有害物质的原料，如棉饼含有棉酚，要严格控制用量，用量不要超过日粮的5%；生豆粕含抗胰蛋白合成酶，必须进行蒸熟处理，否则不仅影响其营养，还可能致病致死。

5）注意选用合适的饲料添加剂

在选用饲料添加剂时要注意品种全、剂量准。氨基酸、维生素、矿物质、微量元素、药物添加剂、酶制剂等都是养鸡不可缺少的添加剂，要根据鸡的品种、生长阶段、生产目的、生产水平，选用不同的添加剂并添加不同的比例。一定要按产品使用说明添加，避免浪费和中毒，特别是药物添加剂必须控制使用量和使用时间，以防中毒。

6）注意保持日粮稳定性并要适时调整

要根据不同季节、不同生产阶段、不同生产水平和饲料原料价格变化，适当调整日粮配方，如夏季炎热，鸡的采食量减少，需增加饲料中的蛋白质含量10%左右；冬季寒冷，鸡用以维持体温能耗增多，饲料中的能量要适当提高。为防止饲料浪费、成本增加和代谢病的发生，要根据实际情况的变化适时调整日粮配方。

7）其他注意事项

在饲料配方确定后，通常要注意下列问题：

①饲料中要添加 0.2%～0.4% 的食盐，如用咸干鱼作鱼粉可不再加盐。

②饲料原料中杂质太多的要适当增加原料比例。

③雏鸡料禁用贝壳粉，麸皮也应少于 5%。

④花生饼（粕）含蛋氨酸较多，豆饼（粕）含赖氨酸较多。两种饲料同时应用，可互相弥补缺陷。

三、自配加工料推荐配方

以正大康地有限公司肉鸡预混料为例，表 2-7 快大黄鸡推荐配方，表 2-8 中速黄鸡、慢大黄鸡（土鸡）推荐配方。

表 2-7　快大黄鸡推荐配方　　　　　　　　　　%

阶段 配方	0～2 周	2～4 周	5 周至上市前 8 天	上市前 7 天至上市
玉米	52	56.5	59	59
豆粕	38.5	33.5	29.5	29.5
豆油	4.5	5	6.5	6.5
5110	5	—	—	—
5113	—	5	5	—
5114	—	—	—	5
粗蛋白	21	19	17.5	17.5

表 2-8　中速黄鸡、慢大黄鸡（土鸡）推荐配方　　　　　　%

阶段 品种 配方	0～4 周		5～9 周		10 周至上市前 8 天		上市前 7 天至上市	
	中速 黄鸡	慢大 黄鸡	中速 黄鸡	慢大 黄鸡	中速 黄鸡	慢大 黄鸡	中速 黄鸡	慢大 黄鸡
玉米	52	53	57	58	60	60.5	60	60.5
豆粕	38.5	38	33	33	29	29	29	29
豆油	4.5	4	5	4	6	5.5	6	5.5
5110	5	5	—	—	—	—	—	—
5113	—	—	5	5	5	5	—	—
5114	—	—	—	—	—	—	5	5
粗蛋白	21	21	19	19	17.5	17.5	17.5	17.5

四、饲料采购的管理流程

饲料采购基本原则：一是选购质优价廉的产品，二是按鸡的品种及其生理阶段选购全价饲料，三是按需要量采购（或自配），四是切忌在全价饲料中混入其他饲料。

（一）自加工原料的采购

1. 优质原料的采购

原料选择是饲料质量控制的第一关，以选择新鲜、干燥、无杂质、无异味、无霉变的原料为总体要求。

（1）玉米。外观检查：籽实饱满、无烂粒、无霉变、无虫蛀、无肉眼可见杂质、无异味、无砂齿感、颜色为金黄色、颗粒均匀。为保证能量饲料的能量浓度，还应筛除尘土、穗轴、秕壳等杂质。

玉米采购理化指标：水分<14%，百粒重31~36克，不完善粒≤4%，杂质≤1%，生霉粒≤2%，不得有病斑粒和异种粒。

（2）糙米及碎米。外观检查：糙米及碎米白色或浅灰黄色，有新鲜米的香味，无酸败、发霉等味，如果发霉酸败就会转为灰色。

采购理化指标：水分<14%，粗蛋白≥6%，粗纤维≤2%，粉灰分≤2.5%。

（3）麦麸。外观检查：麦麸呈细屑或片状，淡褐色或红褐色，色泽新鲜一致，特有的香甜风味，无酸败味，无霉味，无结块，无霉变，无虫蛀，无异味。

采购理化指标：水分≤13%，粗蛋白≥15.5%，粗脂肪≤4%，粗纤维≤9%，粗灰分≤5%。

（4）米糠类。外观检查：米糠呈浅黄色或浅褐色，粉状，含有微量碎米、粗糠，特有的米糠风味，无酸败味，无霉味，无虫蛀，无结块。

采购理化指标：水分≤13%，粗蛋白≥12%，粗脂肪≥13%，粗纤维≤10%，粗灰分≤10%。

（5）大豆粕。外观检查：大豆粕呈黄褐色或淡黄色，不规则碎片状，色泽均应新鲜一致，有烤大豆的香味，无酸败味，无霉味，无虫蛀，无结块，无异味。

采购理化指标：水分≤13%，粗蛋白质≥43%，粗纤维≤5%，粗灰分≤6%。

（6）棉籽粕。外观检查：棉籽粕呈黄褐色或暗红褐色（颜色较浅者品质最佳），不规则碎块，色泽新鲜一致，无酸败味，无霉味，无虫蛀，无结块，无异味。

采购理化指标：水分≤13%，粗蛋白≥40%，粗脂肪≤3.5%，粗纤维≤12%，粗灰分≤6%。

（7）鱼粉。外观检查：鱼粉颜色为新鲜、均匀一致的浅茶褐色或深茶褐色或浅黄色，粉状，有鱼肉松的香味并略带有鱼油味，无酸败味，无霉味，无腐臭味，无其他异味。应选择生产使用的原料为鱼、虾、蟹类等水产品及其加工的废弃物的鱼粉，不得使用受到药物、重金属或其他化合物污染的原料以及腐败变质的原料加工的鱼粉。

采购理化指标：水分≤12%，粗蛋白≥60%，粗脂肪≤12%，钙≤12%，磷≥2%，灰分≤18%，盐≤3.5%。

（8）肉骨粉。外观检查：肉骨粉颜色为新鲜、均匀一致的金黄色或褐色，粉状，有新鲜的肉香味，无酸败味，无霉味，无腐臭味，无其他异味，不得含有骨粉以外的其他物质。

采购理化指标：水分≤10%，粗蛋白≥50%，粗脂肪≤10%，钙≤10%，磷≥4%，灰分≤28%，盐≤2%。

2. 预混料的采购

应选择信誉高、加工设备好、技术力量强、产品质量稳定的厂家和品牌。由于目前预混料的品牌繁多，质量优劣不一，同时预混料中药物添加剂的种类和质量也相差甚大，因此选择预混料时不能光看价格，更重要的还要看质量。根据国家对饲料产品质量监督管理的要求，凡是质量合格的产品都应有产品标签，标签内容包括产品名称、饲用对象、批准文号、营养成分保证值、用法、用量、净重、生产日期、厂名、厂址、产品说明书、产品合格证、注册商标等，在采购时掌握了这些基本的要点才能采购到合格的产品。如果长期饲喂不合格的预混料，容易使畜禽出现腹泻等病症，这样不仅阻碍畜禽的正常生长，还要花费医药费用，增加养殖成本。

3. 添加剂的采购

市场上出售的饲料添加剂品种繁多，规格不一，特点、用途各异，价格也千差万别，选购时必须注意。一般正确的选择需掌握"五看"。一是看对象。在选购时应根据需要，有针对性地选购。选购前，应了解产品的性能、成分、含量、效价、用途。选购时，结合自己所饲养的肉鸡的品种、生长发育阶段的营养需要、饲养条件和健康状况进行有选择地选购，并按照饲养标准和当地饲料营养成分设计配方，依照"缺什么补什么"的原则，有针对性地选择。二是看质量。饲料中添加剂所占比例甚微，因而质量要求很高。要选购颗粒均匀、色泽一致、气味纯正、无花纹、无色斑、干燥、疏松、流动性好的产品。如有潮解及板结、异味异色等现象，说明该产品已有部分或全部变质失效，不宜购买。同时，质量检验合格的，厂方应当附具产品质量检验合格证，若无产品检验合格证的，不能购买。三是看包装。饲料添加剂的包装应当符合国家有关安全、卫生的规定。要选购包装封口严密、近期生产的产品。饲料添加剂大都实行真实包装，袋内容物在外捏摸感觉呈颗粒或粉状，即为正规厂家出厂的产品，可选购。采购时要注意包装袋的新旧程度和包装封口，若外观陈旧、毛糙，字迹图像褪色模糊，说明该产品贮存过久或转运过多，或者是假冒产品，不宜购买。四是看标签。首先要选购正规渠道的产品，其次购买时应注意包装物上是否附具标签，内容是否齐全、符合规定。按有关规定，标签应当以中文或者适用符号标明产品名称、原料组成、产品成分分析保证值、净重、生产日期、保质期、厂名、厂址和产品标准代号、注册商标等，还应标明合法的产品批准文号、生产许可证和使用方法、注意事项，如果没有或不全则属假劣产品，切忌购买。首先查是否属于国家农业农村部发布的《允许使用的饲料添加剂品种目录》中所列类别及品种。再查饲料添加剂生产审批程序，看有无生产许可证。三查产品批准文号，先看有无批准文号，再看批准文号的格式是否符合《饲料添加剂和添加剂混合饲料产品批准文号管理办法》的规定。四查商标，饲料添加剂是保证人畜健康的特殊商品，根据《商标法》规定，必须使用注册商标，若无注册商标，可疑为没有工商部门颁发的营业执照，生产不合法。如果采购了非法生产的假冒伪劣产品，质量没有保证，饲喂后不但起不到应有的作用，反而使畜禽生长受阻。五是看价格。尽管饲料添加剂生产厂家较多，价格不一，但上下浮动的范围不会太大，但是不能贪图便宜而采购营养水平不全的不合格产品。

采购时应特别注意产品生产日期，要选择近期生产的产品，因为贮藏时间的长短直接影响到某些添加剂成分的效价高低，贮藏时间越长，效价损失越大，一般不宜超过6个月。

（二）全价饲料的采购

全价饲料的采购一般遵循以下几个原则：

1. 根据不同生长阶段选择饲料。应根据不同肉鸡品种在不同的生长阶段，选购不同的配合饲料。不同品种的鸡对营养成分的需求不同，对某些微量成分（如药物饲料添加剂）的敏感程度或耐受力也不同。因此，应根据肉鸡自身的条件和需要，选用合适的配合饲料。

2. 不随便更换饲料。在饲养过程中不要随意更换配合饲料。不同厂家生产的配合饲料，其营养成分和原料组成可能存在较大的差异，过于频繁地更换饲料，易引发应激反应，不利于肉鸡的生长或生产。

3. 选择信誉度和性价比高的饲料厂家。在选购饲料前，应多方了解饲料生产企业的生产能力、技术力量和管理水平。应尽可能选购那些拥有先进生产设备、雄厚技术力量和管理规范、信誉良好的企业生产的产品。还要查明这些厂家是否可以提供优质的技术服务。

4. 选择饲料还要五看。一是看生产厂家。当前饲料生产企业很多，选购饲料时要认准生产厂家，选择科研单位试验后推广应用的产品。二是看包装。正规厂家生产的配合饲料，包装美观整齐，厂址、电话、适用品种等明确，有在工商部门注册的商标。三是看颜色。某一品牌和种类的饲料，其颜色在一定时期内相对保持稳定。由于各种饲料原料颜色不一样，不同厂家有不同的配方，因而不能用统一的颜色标准来衡量，但在选购同一品牌的饲料时，如果颜色变化过大，就不要轻易购买。四看均匀度。正规厂家生产的优质饲料，混合都是非常均匀的，选购饲料应从每包饲料的不同部位各抓一把看均匀度。五看保质期。保质期是饲料标签注明的内容之一，应根据标签选择近期生产的饲料，凡超过保质期及没有注明保质期的配合饲料，都不要购买。

五、饲料的贮藏

饲料在贮藏期间，品质会发生变化，造成养分损失和营养价值降低，若发生严重霉变则降低或完全丧失饲用价值，饲料原料贮藏过程中还常发生吸潮结块、虫蚀、鸟害与鼠害，造成数量与质量下降，所以饲料存放时要保证室内通风、避光、干燥、防鼠、防污染。袋装饲料要离地离墙堆放，最好用木架搭空离地 20 厘米以上，饲料堆放不要过高过重。

1. 优质原料的贮藏

（1）玉米等籽实类饲料的贮藏。影响玉米品质的因素主要有水分、贮藏时间、破碎粒和霉变情况。水分含量高，不易贮存，易促使黄曲霉生长。霉变的玉米可降低适口性，使鸡增重减慢，甚至出现中毒症状。玉米一般采用立筒仓散装贮藏。立筒仓虽然贮藏时间不长，但因玉米厚度高达几十米，水分应控制在14%以下，以防发热，不是立即使用的玉米，可以入低温库贮藏或通风贮藏；若是玉米粉，因其空隙小，透气性差，导热性不良，不易贮藏；如水分含量稍高，则易结块、发霉、变苦，因此，刚粉碎的玉米应立即通风降温，码垛不宜过高，最好码成井字垛，便于散热，及时检查，及时翻垛。其他籽实饲料的贮藏与玉米相仿。

（2）饼粕贮藏。饼粕类由于本身缺乏细胞膜的保护作用，营养物质外露，很容易感染虫、菌等，因此，保管时要特别注意防虫、防潮和防霉。入库前可使用磷化铝熏蒸，用敌百虫、林丹粉灭虫消毒。仓底铺垫也要彻底做好，最好用砻糠作垫底材料。垫糠要干燥压实，厚度不少于20厘米，同时要严格控制水分，最好控制在5%左右。

（3）麦麸贮藏。麦麸破碎疏松，孔隙度较面粉大，吸潮性强，含脂量多（多达5%），因而很容易酸败、霉变和生虫，特别是夏季高温潮湿季节更易霉变。麦麸贮藏4个月以上，酸败就会加快。新出的麦麸应把温度降至10~15℃再入库贮藏，在贮藏期要勤检查，防止结块、吸潮、生霉和生虫。一般贮藏期不宜超过3个月。

（4）米糠贮藏。米糠脂肪含量高，导热不良，吸湿性强，极易发热酸败，贮藏时应避免踩压，入库时米糠要勤检查、勤翻、勤倒。注意通风降温。米糠贮藏稳定性比麦麸还差，不宜长期贮藏，要及时推陈贮新，避免损失。

2. 预混料、添加剂的贮藏

预混料、添加剂的贮藏应注意以下几点：

（1）注意环境的干燥：由于预混料、添加剂主要由微量元素、维生素、胆碱等组成，有的添加了氨基酸、药物或一些载体。这类物质容易从空气中吸取水分，造成自身的潮解和结块，同时还会影响维生素类的生物效价，因此，在贮藏过程中要保持环境的干燥，减少受潮现象的发生。

（2）注意低温、低湿和避光：绝大部分饲料添加剂容易受光、热、水、气影响，所以要注意贮藏在低温、遮光、通风的地方，最好加入一些抗氧化剂。维生素添加剂也要用小袋遮光密闭包装，在使用时，以饲料作添加剂再与微量元素混合，使其效价影响不太大。特别注意避免阳光照射，因为其中的紫外线对添加剂的活性成分的破坏很严重。

（3）注意控制贮藏时间：许多饲料添加剂，特别是维生素类添加剂，其活性成分随着贮藏时间的延长而氧化。所以对这类饲料添加剂要求最好在生产后1个月内使用完。经特别处理，低温贮藏，干燥条件下的添加剂，其贮藏期也不宜过长。对于包装已打开的添加剂，应尽快使用，避免其活性成分氧化。

（4）注意科学保管：通常情况下，同一仓库内预混料品种不止一种，因此在存放时必须按品种分类整齐堆放，要有明确标示，不得混藏，并按先进先出原则进行发放使用。

特别提醒：预混料中的蛋白质、维生素、氨基酸等成分，如果贮存时间长，效价会逐渐下降，甚至发霉变质（预混料的保质期通常为3～6个月）。如发现潮解、结块等现象，说明部分或全部变质失效，应该停止使用。因此购买预混料时要注意生产日期和保质期，贮藏时要放在遮光、低温、干燥、通风的地方，避免其中重要的营养物质受到破坏。

3. 浓缩料的贮藏

浓缩料蛋白质含量丰富，含各种维生素及微量元素，这种粉状饲料导热性差，易吸潮，有利于微生物和害虫繁殖，也易导致维生素变热、氧化而失效。因此，浓缩饲料宜加入适量抗氧化剂，且不宜长时期贮藏，要不断推陈出新，要注意防潮、通风等。

4. 全价饲料的贮藏

（1）全价颗粒饲料。全价颗粒饲料经过蒸气加压处理，能杀死绝大部分害虫和微生物，含水量较少，空隙度大，淀粉膨化后把维生素包裹，因而贮藏性能极好，短期内只要防潮，贮藏不易霉变，也不易因受光的影响而使维生素破坏。

（2）全价粉状饲料。全价粉状饲料大部分是由谷类籽实粉组成，表面积大，空隙度小，导热性差，容易吸潮发霉。其中维生素因高温、光照等因素而造成损失。因此，全价粉状饲料一般不宜久放，贮藏时间最好不要超过1周。

注意事项：饲料贮藏时间不宜过长，有些养殖户图省力，一次加工10天甚至半个月的饲料，这样，特别是在梅雨季节，很容易霉变，小鸡吃了这种霉变的饲料，容易发生曲霉菌病或黄曲霉毒素中毒，因此，养殖户加工的饲料最好不要超过7天，同时应将配好的饲料存放于避光、干燥、通风处妥善保管。

第三章 肉鸡品种选择的标准化操作

第一节 优良肉鸡品种及生产性能

我国肉鸡饲养主要包括白羽肉鸡和黄羽肉鸡两大类。白羽肉鸡从国外引进，具有生长快、体形大和饲料报酬率高等特点；黄羽肉鸡主要是我国地方品种，生长周期较长，肉质优良、风味佳。

一、地方肉鸡品种及生产性能

我国优良地方肉鸡品种，具有生长发育缓慢、生产周期长和肉质优良等特点。一般饲养 3～5 月龄，体重达 1.2～1.5 千克，不同品种生长周期差异较大。

（一）湘黄鸡

湘黄鸡是湖南的优良地方鸡种。以三黄（毛黄、嘴黄、脚黄）为主要标志。体形大小适中，结构匀称，前胸较宽，背腰平直，体躯稍短，呈椭圆形。肉鲜美细嫩、营养丰富，单冠直立，冠齿多为 5～7 个。冠、肉髯、耳叶、脸均为鲜红色。眼大有神，虹彩呈橘黄色。性成熟早（平均 125 天），公鸡羽毛为金黄色和淡黄色，色泽鲜艳，颈部覆有金黄色羽毛，腹部羽毛较背部羽毛略浅，主翼羽和主尾羽为黑色。母鸡全身羽毛为淡黄色，也有黄色。湘黄鸡是湖南省出口的主要鸡种。母鸡全身羽毛为淡黄色，也有黄色。成年公鸡 1460 克，母鸡 1280 克。母鸡平均开产日龄 170 天。500 日龄平均产蛋 125 枚，平均年产蛋 161 枚，平均蛋重 41 克。1979 年被国家外贸部评为"名贵项鸡"。湘黄鸡以湘江中游的衡阳、湘潭及益阳出产为盛。

（二）固始鸡

固始鸡主产于河南固始县，是我国著名的肉蛋兼用型地方优良鸡种，是国家重点保护地方畜禽品种之一。其因外观秀丽、肉嫩汤鲜、风味独特、营养丰富等而驰名海内外。明清时期被列为宫廷贡品,20 世纪 50 年代开始出口东南亚地区,六七十年代被指定为京、津、沪特供商品。固始鸡有以下突出的优良性状:一是耐粗饲,抗病力强,适宜野外放牧散养;二是肉质细嫩,肉味鲜美,汤汁醇厚,营养丰富,具有较强的滋补功效;三是母鸡产蛋较多,蛋大,蛋清较稠,蛋黄色深,蛋壳厚,耐贮运。公鸡毛呈金黄色,母鸡以黄色、麻黄色为多,青腿、青脚、青喙,体形中等。固始鸡性成熟较晚,开产日龄平均为 205 天,最早的个体为 158 天,开产时母鸡平均体重为 1299.7 克。年产蛋为 130~200 枚,平均蛋重 50 克,蛋黄呈鲜红色。成年公鸡体重 2.1 千克,母鸡 1.5 千克。

(三) 汶上芦花鸡

汶上芦花鸡原产山东汶上县。该鸡体形一致、椭圆而大,特点是颈部挺立,稍显高昂。前躯稍窄,背长而平直,后躯宽而丰满,腿较长,尾羽高翘,体形呈元宝状。横斑羽是该鸡外貌的基本特征,全身大部分羽毛呈黑白相间、宽窄一致的斑纹状。单冠,羽毛黑白相间,公鸡斑纹白色宽于黑色,母鸡斑纹宽窄一致。体形小,成熟早,产蛋多,肉质好,味道鲜美。成年公、母鸡体重分别为 1.40 千克、1.26 千克。羽毛生长较慢,一般到 6 月龄才能全部换为成年羽。芦花鸡食物链非常广,耐粗饲,善觅食,灵敏好动,攀登能力强、飞行距离长,抗病能力强,体态健美、肌肉发达,该品种鸡肉质紧凑、细腻而筋道,即使长时间或多次蒸煮,肉松不散,味道不变。汶上芦花鸡认巢性非常强,很适合散放饲养。

(四) 广西黄鸡

广西黄鸡主要产于广西壮族自治区,主要分布在广西桂东南部的桂平、平南、藤县、苍梧、贺县、岭溪、容县等地。因其母鸡黄羽、黄喙、黄脚而得名,其肉质香鲜、风味佳而闻名全国。公鸡羽毛绛红色,颈羽颜色比体羽浅。翼羽常带黑边。尾羽多为黑色。母鸡均黄羽,但主翼羽和副翼羽常带黑边或黑斑,尾羽也多为黑色。单冠,耳叶红色,虹彩橘黄色。喙与胫黄色,也有胫白色。皮肤白色居多,少数为黄色。成年鸡体重:公鸡 1980~2320 克,母鸡 1390~1850 克。母鸡平均开产日龄 165 天,早者 135 天。广西黄鸡平均年产蛋 77 枚,蛋均重 41 克。

(五) 上海浦东鸡

上海浦东鸡出产在黄浦江以东地区的原川沙和现南汇、奉贤等区。浦东鸡体形较大,又名九斤黄,属蛋肉兼用型鸡种,偏重产肉。浦东鸡,抗病力和适应性强。

公鸡羽色有黄胸黄背、红胸红背和黑胸红背三种，主翼羽和副主翼羽多呈部分黑色，腹翼羽金黄色或带黑色。母鸡全身黄色，有深、浅之分，羽片端部或边缘有黑色斑点，因而形成深麻色或浅麻色，主翼羽和副主翼羽黄色，腹羽杂有褐色斑点。公鸡单冠直立，冠齿多为7个；母鸡冠较小，有时冠齿不清。冠、肉垂、耳叶均呈红色，虹彩黄色或金黄色，喙、胫、趾黄色，有胫羽和趾羽。成年鸡体重：公鸡4.5~5.5千克，母鸡3~4.5千克。360日龄屠宰率：半净膛，公鸡85.1%，母鸡84.8%；全净膛，公鸡80.1%，母鸡77.3%。开产日龄208天，年产蛋130枚，蛋重58克，蛋壳呈浅褐色。上海浦东鸡生长速度早期不快，长羽也较缓慢，特别是公鸡，通常需要3~4月龄全身羽毛才长齐。

（六）北京油鸡

北京油鸡以肉味鲜美、蛋质优良著称，是一个优良的地方鸡种。原产地在北京城北侧安定门和德胜门外的近郊一带。北京油鸡体躯中等，羽色美观，主要为赤褐色和黄色。赤褐色者体形较小，黄色者体形大。雏鸡绒毛呈淡黄色或土黄色，冠羽、胫羽、髯羽也很明显。成年鸡羽毛厚而蓬松。公鸡羽毛色泽鲜艳光亮，头部高昂，尾羽多为黑色。母鸡头、尾微翘，胫略短，体态敦实。北京油鸡羽毛较其他鸡种特殊，具有冠羽和胫羽，有的个体还有趾羽。不少个体下颌或颊部有髯须，故称为"三羽"（凤头、毛腿和胡子嘴）。通常将这"三羽"作为北京油鸡的主要特征。大多数北京油鸡比一般鸡多出一个趾，也就是五趾。初生雏绒毛黄色，冠羽、胫羽、髯羽都很明显。成年鸡的羽毛厚密而蓬松，羽色有两种：呈赤褐色者（俗称紫红毛）羽色较深，冠羽大而蓬松，体形较小；呈黄色者（俗称素黄毛）羽色较浅，体形略大。公鸡羽毛鲜艳光亮，尾羽呈黑色，母鸡尾羽和主翼羽常夹黑色。北京油鸡单冠，冠叶小而薄，冠齿不整齐，有髯羽个体，肉髯很小或全无，冠、肉垂、脸、耳叶都是红色，虹彩褐色，喙、胫黄色。成年公鸡2.0~2.1千克，母鸡1.7~1.8千克。北京油鸡生长速度较慢，8周龄体重0.5~0.6千克。

（七）丝羽乌骨鸡

别名：泰和鸡、武山鸡、白绒鸡、竹丝鸡。

产地（或分布）：产于江西泰和县。福建省泉州市、厦门市和闽南沿海地区有分布。

体形外貌：丝羽乌骨鸡在国际标准中被列为观赏型鸡种。其体形为头小、颈短、脚矮、结构细致紧凑、体态小巧轻盈。其外貌具十大特征，也称"十全"：桑椹冠属草莓类型，在性成熟前为暗紫色似桑椹，成年以后色减退略带红色似荔枝。缨头头顶有一丛缨状冠羽，母鸡比公鸡发达，状如绒球，称之为"凤头"。绿耳耳叶呈暗紫色，在性成熟前明显呈蓝绿色，成年后逐渐呈暗紫色。趾也有个别的从第一趾再多生一趾成为六趾的。腹部和第四趾着生有胫羽和趾羽。乌皮。全身皮肤以及眼、脸、喙、胫、趾均呈乌色。乌肉。全身肌肉略带乌色，内脏及腹脂膜均呈乌色。乌骨的骨质暗乌，骨膜深黑色。

生产性能及体重：不同产区在不同饲养条件下其体重也存在较大差异。成年公鸡为 1.3～1.8 千克，母鸡为 0.97～1.66 千克。产肉性能：丝羽乌骨鸡的生长速度、蛋重与饲料营养水平密切相关，如 5 月龄时公鸡体重达成年公鸡体重的 70.23%～80.62%，母鸡为 82.53%～87.73%。公鸡半净膛屠宰率为 88.35%，全净膛屠宰率为 75.86%；母鸡分别为 84.18% 和 69.50%。产蛋性能：开产日龄一般为 170～205 天，年产蛋为 75～150 枚，蛋重为 37.56～46.85 克。

繁殖性能：公母配种比例为 1：（15～17），种蛋受精率为 87%～89%，受精蛋孵化率为 75%～86%。60 日龄育雏率为 78%～94%。

二、引进肉鸡品种及生产性能

从国外育种机构引进的肉鸡品种，具有生长速度快、饲养周期短、饲料报酬率高等特点。白色羽毛居多，饲养 6～7 周，平均体重可达 2 千克以上。

（一）艾维茵

艾维茵是美国艾维茵国际家禽公司育成的优秀四系配套肉鸡。该鸡种在国内肉鸡市场上占有 40% 以上的比例，为我国肉鸡生产的发展作出了很大的贡献。肉仔鸡生长速度快，饲料转化率高，适应性也强。

其父母代种鸡生产性能：产蛋率 50% 的入舍母鸡成活率 95%，50% 产蛋率日龄 175～182 天。高峰产蛋周龄 32～33 周，高峰产蛋率 85%。平均产蛋率 56%，高峰孵化率 90%，平均孵化率 85.6%。入舍母鸡产蛋数 183～190 枚，入舍母鸡产种蛋数 173～180 枚。出雏数 149～154 个。67 周母鸡体重 3.58～3.74 千克，产蛋期死亡率 7%～10%。

（二）爱拔益加

爱拔益加是由美国爱拔益加种鸡公司育成的四系配套白羽肉鸡品种，又称 AA 肉鸡。该鸡体形较大，商品代肉用仔鸡羽毛白色，生长发育速度快，饲养周期短，饲料转化率高，耐粗饲，适应性强，商品代肉鸡公母混养35日龄体重1.77千克，成活率97%，饲料利用率1.56；42日龄体重2.36千克，成活率96.5%，饲料利用率1.73，胸肉产肉率16.1%；49日龄体重2.94千克，成活率95.8%，饲料利用率1.901，胸肉产肉率16.8%。

（三）科宝500肉鸡

科宝500肉鸡由美国泰臣食品国际家禽分割公司培育，在美国已饲养100多年，现已推广至50多个国家，在东南亚各国该种鸡占很大比例。该鸡体形大，胸深背阔，全身白羽，鸡头大小适中，单冠直立，冠髯鲜红色，虹彩橙黄色，脚高而粗。商品代生长快，40~45日龄上市，体重达2000克以上，肉料比为1：1.9，全期成活率97.5%。屠宰率高，胸腿肌率34.5%以上，均匀度好，肌肉丰满，肉质鲜美。

（四）海布罗

海布罗由荷兰泰高集团下属的优利公司育成。其父母代种鸡生产性能：育成期1~20周龄，死淘率6%，20周龄体重1.94千克。入舍母鸡总耗料量9.6千克，产蛋期20~64周，入舍母鸡产蛋数171枚，其中可孵蛋数160枚，入孵蛋平均孵化率84.2%。每只入舍母鸡产雏数135个。产蛋期总耗料量52千克，每枚蛋所需饲料290克。每月死亡率0.8%，产蛋结束时体重3.52千克。

三、育成肉鸡品种及生产性能

（一）京星黄鸡

品种来源：中国农业科学院畜牧研究所，利用国内地方品种，导入法国明星鸡的dw基因，自行选育而成。有两个系列，分别为京星100、京星102。商品代肉鸡外貌特征：正常型（102）或矮小型（100），单冠、黄羽、黄脚、黄肤；体形宽大，肌肉发达。羽毛被完整，光泽度好，冠色红润；脂肪沉积均匀，肉味浓郁。

京星100商品代肉鸡主要生产性能指标：出栏时间公鸡60天，母鸡80天；出栏体重公鸡1500±99.6克，母鸡1600±97.7克；成活率公鸡98%，母鸡97%；耗料比公鸡1：2.10，母鸡1：2.95。京星102商品代肉鸡主要生产性能指标：出栏时间公鸡50天，母鸡63天；出栏体重公鸡1500±98克，母鸡1680±87克；成活率公鸡99%，母鸡98%；耗料比公鸡1：2.03，母鸡1：2.38；屠宰率公鸡91.2%，母鸡90.4%。

（二）新浦东鸡

新浦东鸡是由上海市农业科学院畜牧兽医研究所主持研究而育成的黄羽肉用鸡种。新浦东鸡主要分布于上海、江苏、浙江、广东一带。新浦东鸡在历年的选育进程中，由于着重保留浦东鸡的特色，故其外貌与原来无多大变化，但体躯较长而宽，胫部略粗短且无胫羽，其体形更接近于肉用型。新浦东鸡成年公鸡体重、体斜长、胸宽、胸深、胫长分别为：4.0 ± 0.29 千克，23.94 ± 0.71 厘米，9.33 ± 0.70 厘米，9.68 ± 1.01 厘米，13.96 ± 0.62 厘米，成年母鸡分别为：3.26 ± 0.28 千克，20.65 ± 0.59 厘米，8.16 ± 0.47 厘米，8.35 ± 0.60 厘米，10.86 ± 0.63 厘米。新浦东鸡的开产日龄平均为 184 天，达 50% 产蛋率的平均日龄为 197.8 天。入舍母鸡300 日龄产蛋量平均为 78 枚，500 日龄 163 枚，年产蛋量为 177 枚。一般的鸡群 500 日龄产蛋量平均为 142.0 ± 4.0 枚，年产蛋平均为 152.5 ± 4.6 枚。300 日龄平均蛋重为 60.45 克。蛋壳浅褐色。

（三）岭南黄鸡

品种来源： 广东省农业科学院畜牧研究所选育。2009 年通过国家畜禽品种审定委员会审定。

特征特性： 岭南黄鸡 1 号配套系父母代公鸡为快羽、金黄羽、胸宽背直、单冠、胫较细、性成熟早；母鸡为快羽（可羽速自别雌雄）、矮脚、三黄、胸肌发达、体形浑圆、单冠、性成熟早、产蛋性能高、饲料消耗少。商品代肉鸡为快羽、三黄、胸肌发达、胫较细、单冠、性成熟早。

岭南黄鸡 2 号配套系父母代公鸡为快羽、三黄、胸宽背直、单冠、快长；母鸡为慢羽、三黄、体形呈楔形、单冠、性成熟早、生长速度中等、产蛋性能高。商品代肉鸡为黄胫、黄皮肤，体形呈楔形，单冠，快长，早熟；并可羽速自别雌雄，公鸡为慢羽，羽毛呈金黄色，母鸡为快羽，全身羽毛黄色，部分鸡颈羽、主翼羽、尾羽为麻黄色。

岭南黄鸡 3 号配套系父母代公鸡均为慢羽，正常体形，三黄（羽、喙、脚黄），含胡须髯羽，单冠、红色、早熟，身短、胸肌饱满。公鸡羽色为金黄色，母鸡羽色为浅黄色。

产量表现： 岭南黄鸡 1 号配套系父母代种鸡 23 周龄开产，开产体重1600 克，29～30 周是产蛋高峰周龄，高峰期周平均产蛋率 82%，68 周龄入舍母鸡产种蛋 183 枚，产雏数 153 只，育雏育成期成活率 90%～94%，20～68 周龄成活率大于 90%；商品代公鸡 45 日龄体重 1580 克，母鸡 45日龄体重 1350 克，公母平均料肉比 2.00：1。

岭南黄鸡2号配套系父母代种鸡24周龄开产，开产体重2350克，30～31周是产蛋高峰周龄，高峰期周平均产蛋率83%，68周龄入舍母鸡产种蛋185枚，产雏数150只，育雏育成期成活率90%～94%，20～68周龄成活率大于90%。商品代公鸡42日龄体重1530克，母鸡42日龄体重1275克，公母平均料肉比1.83∶1。

岭南黄鸡3号配套系父母代种鸡21周龄开产，开产体重1100克，66周龄产蛋数170～180枚，产雏数150只，0～20周龄成活率大于95%，20～68周龄成活率大于92%。商品代公鸡80～90日龄体重1150～1250克，料肉比（2.7～3.0）∶1。母鸡110～120日龄体重1250～1350克，公母平均料肉比（3.9～4.2）∶1。

（四）新兴矮脚黄鸡配套系

品种来源：广东温氏食品集团有限公司选育。2002年通过国家畜禽品种审定委员会审定。

特征特性：种鸡性能好、早熟、体重均匀、脚细矮、黄脚、毛色金黄、羽毛紧凑贴身。

商品代肉鸡性成熟早，抗病力强，生产性能高，公鸡为正常型，生长速度快，羽毛纯金黄色；母鸡为矮脚型，体形紧凑，羽毛纯黄色贴身，具备地方土鸡外形。

产量表现：种鸡24周龄开产，开产体重2050克，产蛋期成活率92%，产蛋高峰达80%，种蛋合格率92%，受精率92%，青苗率88%。商品代公鸡63日龄体重1650～1750克，料肉比（2.20～2.35）∶1，母鸡80日龄体重1350～1400克，料肉比（2.65～2.80）∶1。

（五）三高青脚黄鸡3号

三高青脚黄鸡3号是河南三高农牧股份有限公司顺应市场对优质鸡和土鸡蛋的需求，以固始鸡为基础，导入少量的外来血缘，历时10年培育而成的一个三系配套的优质肉鸡新品种配套系，即以M系作祖代母本，R系作祖代父本，G系作终端父本。

审定情况：2012年通过国家畜禽遗传资源委员会家禽专业委员会审定。

特征特性：三高青脚黄鸡3号配套系父母代种鸡为dw矮小型，具有耗料少、适应性强、产蛋率高、种蛋合格率高、种蛋受精率高和孵化率高等特点；成年母鸡为黄羽或黄麻羽、青胫，公鸡为金黄羽或快羽、青胫。商品代肉鸡公鸡羽色黄红，梳羽、蓑羽色较浅且有光泽，主翼羽枣红色，镰羽和尾羽均为黑色；母鸡羽色为黄羽或黄麻羽。公、母鸡胫细、长、青胫。

父母代 66 周龄母鸡产蛋数 188.6 枚，种蛋平均合格率 97.1%，种蛋平均受精率 98.7%。66 周龄耗料总量为 31.42 千克，产蛋期饲料消耗总量为 25.45 千克。商品代肉鸡公鸡 16 周龄平均体重为 1862.8 克，母鸡平均体重为 1421.6 克，公、母鸡平均饲料转化比为 3.34∶1，0～6 周龄成活率为 95.4%。

四、肉杂鸡的培育与发展趋势

1. 肉杂鸡的培育。肉杂鸡是利用优秀专用肉鸡作父本，利用生产性能先进的商品蛋鸡作母本，采取"虚拟配套系"方式，通过肉蛋跨界杂交手段，多快好省地进行种蛋、鸡雏繁殖生产，成本低、效率高、效果好。肉杂鸡模式通过多样化、个性化杂交组合，丰富了肉鸡品种结构，满足了社会对多样化、个性化肉鸡种类的需求。当前，肉杂鸡正通过向生态化转型，迈着升级换代的步伐，向占领全球低碳养鸡业制高点进军。肉杂鸡采取肉蛋杂交和土洋杂交手段，增加了对养鸡业的覆盖广度和渗透深度。正在改变中国肉鸡产业的整体格局，拓展扩大了中国肉鸡业生存发展的空间。

2. 肉杂鸡的发展趋势。在我国肉鸡产业中，有快大型白羽鸡，有优质型黄羽鸡，还有生态型肉杂鸡。三大肉鸡分支产业，分别拥有各自的消费者群，都有自己的产业优势，各有自己的地盘，可以说是各有千秋。凡是存在的就是合理的，三大肉鸡产业的形成是我国养鸡业历史沉淀的结果，是我国养鸡业改革开放的结晶，是历史积累与时代潮流的汇聚。

我国肉鸡经济杂交制种素材资源丰富，可以根据市场需求开展经济杂交活动。生产数量众多、各具特点的肉鸡品种，满足了市场的多样化需求。从这个角度说，肉杂鸡不是一个品种，而是一个品类，是一个产业模式，并且将逐渐发展成一个产业生态系统。

目前，肉杂鸡在山东德州、聊城、滨州、枣庄地区大量生产。"德州市每年大约生产扒鸡 1000 万只，禹城市每年生产 3000 万只，基本上是用817 肉杂鸡。""肉杂鸡不仅在山东发展势头迅猛，安徽、河南、河北、湖北、江苏、吉林等地也开始大量饲养肉杂鸡，一些地区大有赶超山东之势，目前山东省市场上的肉杂鸡苗一部分来自安徽，而且所占份额越来越大。"据有关专家推算，肉杂鸡养殖量有 10 亿只左右，产值将达到 100 亿元以上。

第二节　地方肉鸡品种保种及利用操作流程

一、地方肉鸡品种保种操作流程

我国的地方鸡种资源丰富，许多优良地方品种具有国外家禽品种所不及的优良性状，对当今养禽业的发展起主导作用，是珍贵的家禽育种素材。由于之前地方品种没有得到有效的选育和育种，长期在民间混养乱配的情况下，缺乏应有的育种保护措施，许多地方品种优势性能退化，品种数量正在锐减。为了保护地方肉鸡品种，需要进行一定的保种和选育。

对优良地方肉鸡品种进行提纯、复壮。一是建立资源场，收集、保持和繁殖我国优良地方鸡种资源，为育种场提供素材。二是建立育种场，由资源场进行专门化培育，形成品系。三是建立原种场，将育种场培育的专门化品系进行扩繁及配合力测定，根据测定结果进行原种配套，为祖代场提供祖代禽种。四是建立祖代场，根据生产发展需要，接受原种场提供的祖代配套纯系，为父母代场提供父母代。五是建立父母代场，根据商品生产需要的商品代鸡数量，接受祖代鸡场提供的父母代配套系，为商品场提供商品代。六是建立商品场，只进行商品生产，接受父母代场提供的杂交种，进行商品代生产。

地方品种肉种鸡场保种的操作规程：

1. 确定保种的目标

确定保种的规模及需要保护的重点性状和特性。以家系等量随机选配法为例，最低的保种规模如下：母鸡群体数量≥400，家系数保持 40～60 个，每个家系等量选留 10 只母鸡，1 只种用公鸡，1 只后备公鸡。

2. 确定保种的方法

建议采用以下几种方法进行保种：①家系等量随机选配法；②家系等量轮回交配法；③随机交配法；④多父本家系保种法；⑤群体保种法；⑥保种区随机交配法。

以家系等量随机选配法为例：①从基础群中选留公鸡 40～60 只，母鸡 300～600 只组建 40～60 个 0 世代家系，每个家系均由 10（6～10）只母鸡和 1 只与配公鸡组成；②记录各家系公母鸡翅号，建立各家系系谱；③保种群各家系世代间隔不少于 1 年；④0 世代各家系继代繁殖时，采用家系等量留种；⑤将选留的鸡只合并成一个群体，采用随机选配重组新的家系；⑥1世代各家系继代繁殖2世代时，仍按照上述方法操作。

3. 个体家系保种群的继代繁殖

①种蛋收集：按照家系号和产蛋母鸡号标记种蛋；②排蛋孵化：归并每只母鸡所生种蛋依次排进蛋盘，把登记好的种蛋送进孵化器，消毒后按常规孵化；③出雏：雏鸡出壳后进行系谱登记，佩戴翅号，并称测初生重；④育雏：育雏期为0～6周龄，按常规育雏期饲养方法进行饲养管理；⑤育成：育成期为7～18周龄，按常规育成期饲养方法进行饲养管理；⑥产蛋：产蛋期开产至66周龄，按常规种鸡产蛋期饲养方法饲养；⑦整理资料：45～46周龄整理资料，为个体的选留提供依据；⑧家系组建与继代繁殖：47周龄组建家系，每个品种40～60个家系，每个家系1只公鸡、10只母鸡，另留1只公鸡和5只母鸡备用；⑨鸡群淘汰：通常在66周龄淘汰保种鸡群。

4. 保种效果监测

（1）表型性状监测。每个世代全群监测肉鸡的外貌特征、体重、生产性能及繁殖等表型性状，建立各世代的表型性状档案，分析世代间性状稳定性。

（2）分子水平监测。分子标记被认为是一种有效的评价畜禽遗传资源的工具。可以利用微卫星等分子标记技术检测和分析保种效果，建立各世代的分子信息档案，监测保种群遗传多样性的变化情况，检测样本量为公、母鸡各30只以上。

二、地方肉鸡品种综合利用操作流程

我国养鸡具有悠久的历史，品种繁多，但我国肉鸡品种生产性能与国外原有品种仍有一定差距。

（一）地方品种的直接利用

地方品种的直接利用是指对现有的地方品种进行选育后在生产上应用。虽然我国地方肉鸡品种在产肉性能上低于国外进口品种，但因其适合中国人消费的鸡肉品质而深受消费者欢迎，因而具有较好的市场前景。开发较好的有广西三黄鸡、清远麻鸡、固始鸡等，根据品种不同，开发利用的方法有所差异。如广西三黄鸡主要采用的选育方法是群选法。首先按照市场需求，选留生产需要的性状，淘汰杂羽、生产性能差、性发育不良和其他与市场要求不符的个体；然后进行均匀度的选择，包括进行体重、性发育、羽色、羽毛生长速度、繁殖性能及其他相关性能。

（二）杂交改良

杂交改良品种，是指利用地方肉鸡品种的突出经济性状来满足消费者的要求，但在某些方面有缺陷，需要提高改良。可适当引入其他品种，进行适宜的杂交，然后选育成满意的品种投入生产。如石岐杂鸡、温氏矮脚黄、新浦东鸡。首先系统选育地方优质肉鸡品种作为配套系的母本，引入体形外貌相近且生产性能优秀的品种与原品种进行杂交，在杂交后代中选择符合育种要求的杂种群；然后通过横交或回交等手段扩大杂种数量，固定优良性状，最终保持原肉鸡品种体形外貌基本不变，又大幅度提高肉鸡生产性能（体重、饲料转化率、繁殖性能）。

（三）基因导入开发

以本地品种为基础作育种素材，充分发挥其稳定特异基因的特点，导入到专门化品系进行杂交选育，经过多个世代选育固定，培育成新的专门化品系。基因导入是国内家禽资源进行开发利用最多的方法。

下面介绍二系配套生产。选用具有地方特色的品种 A 为父本，选用某育种公司培育的父母代种鸡 B 为母本，具有长速快、饲料转化率高等特点。生产 AB 杂交得到的商品代肉鸡，需要对 AB 杂交一代鸡进行雌雄鉴别，公母分群饲养。为达到配套优势高的目的，母本 B 的选择，应从以下几个方面着手：①选择同地方品种 A 的外貌特征相近的品种或者隐性品种；②选择生产性能好的品种；③要符合地方品种独有的外貌特征的遗传规律；④先进行小规模多组合试验，观察杂交后代外貌及生产性能是否满足要求，然后再进行大规模生产。根据需要可进行多元系杂交配套。

第三节　肉种鸡繁育操作流程

一、肉种鸡的选择及培育

（一）肉种鸡选择

选种要求随品种、类型不同而存在较大差异，选种的目标也应随着市场需求的变化而变化。例如地方品种黄鸡深受我国广大群众的喜爱，在我国南部地区如广东、广西、福建等地对黄鸡的要求也高，不仅要求风味好，而且外貌体态也要佳。所以，体形和外貌的优劣在某种程度上决定一个品种的培育是否成功，具有重大的意义。

肉种鸡的选种要求体形结构、外貌特征符合品种要求，结构匀称，体质结实，生长发育健全，觅食力强。眼大有神，耳叶丰满，冠和肉垂鲜红、发达、毛孔细；胸宽而深且向前突出，胸肌发达，无胸部囊肿；体躯长、宽且深，腿部粗壮有力，腿肌发达；爪直，羽毛丰满。凡腿脚畸形、扭翅及垂尾者均不宜留种。另外，公鸡要求姿势雄健而挺立，母鸡要求性情温驯，行动活泼。肉种鸡在产肉性能方面要求初生重大，早期生长速度快，各期体重符合品种要求；屠宰率高，肉质好；胸部肌肉发达，肌纤维细，拉力小；饲料转化率高。

（二）肉种鸡选择步骤

挑选肉种鸡要分阶段。对祖代种鸡和父母代种鸡都要进行外貌选择，通常在 1 日龄、6~7 周龄和转到种鸡舍时分 3 次进行。

1. 1 日龄的选择。母雏绝大多数留下，只淘汰那些瘦弱和畸形的。公雏选留那些活泼健壮的，数量为选留母雏数的 17%~20%。

2. 6~7 周龄的选择。此时种鸡的体重与其后代仔鸡的体重呈高度正相关，选择的重点是公鸡。6~7 周龄时的公、母鸡，外貌不合格都已很明显，首先将那些鹦鹉嘴、歪颈、弓背、瘸腿、瞎眼和体重小的淘汰，然后按体重大小并结合胸、肌肉、大腿等的发育情况进行选留，将外貌合格、体重较大的公鸡，按母鸡选留数的 12%~13%选留下来，其余淘汰（转为肉用仔鸡）。

3. 转入种鸡舍时的选择。这次淘汰数很少，只淘汰那些外貌明显不合格，如发育差、畸形和因断喙过多而喙过短的鸡。公鸡按母鸡选留数的 11%~12%留下。

（三）肉种鸡培育方式

1. 自然交配

随着种鸡饲养规模的扩大，人力成本、管理成本的增加，人工授精的经济优势被逐渐抵消，自然交配逐渐受到规模化养殖场重视。肉种鸡的自然交配有大群配种、小群配种两种方式。

肉种鸡大群配种公母鸡同群饲养，公母鸡按一定比例搭配，公鸡可随时与母鸡交配。优点是省工省事，蛋受精率较高。其缺点是不能确切知道雏鸡的父母，无法进行个体选种选配，无法考虑系谱。大群配种方式一般用于生产场和良种繁殖场。

肉种鸡小群配种适宜于育种场。方法是在一小群母鸡中放入 1 只公鸡进行配种。小群配种方法必须有单独的鸡舍或个体产蛋笼、自闭产蛋箱。

公鸡和母鸡均需佩戴脚号，以期知道雏鸡的父母。群的大小依品种而异。一般1只公鸡配10~15只母鸡。小群配种受精率低于大群，管理也麻烦。许多育种场已改为人工授精。

2. 肉种鸡的人工授精

肉种鸡的人工授精技术是鸡繁殖上的重大进步。采用人工授精避免了种公鸡对母鸡的好恶选择。通过对精液品质的鉴定，可淘汰性能差的公鸡，增加优秀公鸡的后代。还可大大减少种公鸡的饲养量，将公母比例从1∶10提高到1∶40左右，提高了效率和效益。种鸡人工授精技术已经成为肉鸡规模化养殖的常规繁育应用技术。

（1）采精操作规程

选择采精和授精用具。①采精杯。用于采精，呈漏斗状，末端封闭。在生产实践中采用25毫升的广口量杯。②集精杯。用于收集精液。可采用有刻度的试管、离心管以及25毫升的广口量杯。③输精器。现多采用微量移液器，量程可调，计量准确。还需准备适合微量移液器的一次性吸头。可减少泄殖腔病原微生物的交叉传播。④毛剪。用于剪去公鸡肛门周围的羽毛。⑤75%的酒精。用于人工授精工具的消毒。⑥消毒桶。密封，防止挥发，用于人工授精工具的消毒。⑦其他。干燥箱、显微镜、载玻片和试纸等。

所有与人工授精接触的用具，在使用前都必须进行严格的清洗和消毒。①微量移液器吸头。由于吸口比较细，容易被精液堵塞和损伤母鸡，因此，必须用剪刀剪去0.2~0.3厘米，然后再在酒精灯火焰上烧磨钝圆。放入75%的酒精中浸泡2~3小时进行消毒，捞出沥干酒精，放入干燥箱中45~60℃进行干燥。用干净方盘装好备用。②玻璃器皿清洗消毒。输精完毕后，将集精管、采精杯等玻璃器皿用清水清洗干净，然后放入75%的酒精中浸泡2~3小时进行消毒，捞出沥干酒精，放入干燥箱中45~60℃进行干燥待用。③微量移液器的消毒和维护。用后的移液器要用医用酒精擦拭干净，每次输精结束后均应将输精用的移液器调整至最大刻度，防止弹簧长期受压弹性降低，影响剂量。另外每隔一周应安排专业人员对移液器进行校准。

种公鸡隔离按摩训练。①公鸡在使用前3~4周内转入单笼饲养，便于熟悉环境和管理人员。②在配种使用前2~3周内开始训练公鸡，采精每天一次或隔天一次，一旦训练成功则坚持隔天采精。③预防污染精液。公鸡开始训练之前，将泄殖腔外围1厘米左右的羽毛剪除。采精当天公鸡须于采精前 3~4 小时绝食，以防排粪尿。

种公鸡采精。①采精次数：采用隔日采精制度，如连采 3~4 次后，精液中几乎无精子，须注意公鸡的营养状况及体重变化。②定期矫正温度计及存放精液的保温瓶，水温为 28~35℃。③采精方法：腹背按摩。通常由两人操作，一人保定公鸡，一人按摩与收集精液。保定员用双手各握住公鸡一只腿自然分开，两拇指各扣其两翅，使公鸡头部向后，类似自然交配姿势。另一人右手的中指与无名指夹着集精杯，杯口向外，左手掌向下，贴于公鸡背部，从翼根轻推到尾羽区，按摩数次，引起公鸡性反射后，左手迅速将尾羽拨向背部，并使拇指与食指分开跨捏于泄殖腔上缘两侧，与此同时，右手呈弧口状紧贴于泄殖腔下缘腹部两侧，轻轻抖动触摸，当公鸡露出交配器时，左手拇指与食指作适当压挤，精液流出，右手便可将集精杯承接精液，然后用吸管吸于 10 毫升试管中，置于保温瓶保存。④注意事项：不粗暴对待公鸡，环境安静，不污染精液（包括粪便、尿酸盐、吸烟、喝酒）。按摩时间不宜过久，捏挤动作不要太用力，否则引起公鸡排粪，尿液透明液增多，或损伤黏膜出血从而污染精液。采集到的精液应立刻置于 28~35℃保温瓶内，并于 30 分钟用完（温度不宜过高，以免降低精子活力）。

（2）人工授精操作规程

精液品质的检测。为保证种蛋有较高的受精率，要定期检查公鸡精液品质。精液检查可以分为肉眼观察和显微镜检测两种。①肉眼观察。主要观察精液的性状、颜色、采精量和污染程度。正常公鸡精液的颜色为乳白色，采精量为 0.2~0.3 毫升。颜色异常、混有鸡粪、血精、水精等都是不合格精液。②显微镜检测。显微镜检测即是确定每个精液样品的精子活力级数，用血球计数板测定精子活力的方法是很准确的，但耗时太久，被检公鸡较多时不宜采用。可以采用一种简易测定精子活力的方法。方法如下：用吸管吸取约 0.025 毫升精液滴于载玻片上，盖上盖玻片，置于显微镜 10×10 倍镜头下，观察精子状态和运动方向，视野中有无杂质颗粒。精子活力分级标准：①精群呈稻草团状，几个视野内均不见活动精子，定为 0 级；②精群呈稻草团状，仅有为数极少的精子游动，定为 1 级；③大部分精子原地摆动，小部分精子呈小河流状流动，定为 2 级；④精子呈布朗运动，定为 3 级；⑤精子密度较稀，几乎粒粒可数，运动方向为螺旋状或波浪状，定为 4 级；⑥精子密度较好，大部分精子运动方向为螺旋状或波浪状，但视野内有杂质颗粒，其周围吸附有精子，形成精子团，定为 5 级；

⑦精子稠密，运动方向为螺旋状，视野内出现许多急速转动的漩涡，定为6～7级；⑧精子稠密，运动方向为波浪状，视野内形成许多条平行抖动的"S"形曲线，定为8～9级。一批公鸡检测结束后，淘汰精子活力较差的公鸡。留用6级以上的精液。因为精子遇冷易休克或活力下降，所以显微镜检测时室温应尽量保持在不低于15℃的恒温。

输精技术操作规程：

（1）翻肛。母鸡的输精采用输卵管外翻输精法，由两人合作完成。操作方法是：1人用右手抓住母鸡的双脚把母鸡提起，鸡头朝下，肛门向上。左手掌置母鸡耻骨下，用尾指和无名指拨开泄殖腔周围的羽毛，并在腹部柔软处施以压力。施压时尾指、无名指向下压，中指斜压，食指与拇指向下向内轻压即翻出输卵管。注意事项：①翻肛前要洗手，禁止手指碰到输卵管，引起输卵管炎症，进而导致脱肛；②眼睛要盯准，避免误抓、漏抓；③避免笼丝碰到鸡只输卵管，损伤输卵管或引起输卵管发炎；④攥住鸡腿的手不要用力过大，以免造成应激；⑤翻肛人员禁止推压输精鸡只的腹部，否则容易将输入的精液挤出；⑥翻肛时若发现输卵管内有鸡蛋未产出，可将鸡只做好标记，待鸡蛋产出后再进行人工输精工作；⑦当已经输精的鸡只在笼中出现剧烈抖动时，应重新再进行人工输精工作。

（2）输精。在翻出输卵管时，另一人用输精枪预先吸取精液向输卵管输精。输精枪的胶头插入输卵管2.0～3.0厘米，在插到2.0～3.0厘米处的瞬间，稍往后拉，以解除对母鸡腹部的压力，这时向输卵管快速输精。注意事项：①吸液时看剂量是否准确，输完后看滴头的余液是否正常；②要紧贴输精管壁轻轻地吸液，且要从上层精液开始吸；③在输精过程中每次吸完精液后要用大拇指盖住集精管，吸出的精液不可在空气中停留，以防精液温度下降，活力降低进而形成血蛋；④由于母鸡的生理结构（输卵管在左侧，直肠在右侧），输精时要确保滴头的角度偏向左侧15°，以便于精液进入输卵管的过程顺畅；⑤输精人员将移液器沿输卵管口中央轻轻插入，用力不可过大，在有畅通感时插入；有阻力时，不可硬插，更不可刺破阴道壁；⑥当翻肛人员翻出粪便时应该用浸过药物的脱脂棉擦拭；当翻出患有输卵管炎、输卵管发白的鸡只时要将其从笼内取出进行专门的治疗；⑦当输卵管不正时，应重新进行翻肛工作，禁止输精人员用滴头划破泄殖腔；⑧输精深度要达到标准，以保证精子在输卵管的集精腺中得以长时间存活；⑨每只鸡换一个滴头，避免交叉污染；⑩输精量由精子活率和密度决定，一般每次输精量在0.025～0.05毫升；⑪在下午3时到晚上8

时进行输精，大部分母鸡已经产完蛋，受精率高。

二、种蛋的选择、贮存

(一) 种蛋的选择

种蛋质量的优劣，不仅关系孵化厂经营成败，而且对雏鸡质量及对成鸡的生产性能都有较大影响，种蛋质量好，胚胎的活力强，孵化率高，雏鸡质量好。其种蛋选择步骤为：

1. 种蛋的来源

选购品种符合条件、品种单一无混杂、生产性能稳定可靠、种鸡实行严格的免疫程序、母源抗体水平较高、配偶比例适当、管理完善的种鸡群所产的种蛋，才能保证较高的受精率和孵化率。

用来孵化的种蛋愈新鲜愈好。随着保存时间的延长，种蛋孵化率会逐渐降低。种蛋不能用水洗，经水洗过的蛋表面胶质脱落，微生物容易侵入内部造成变质，蛋内水分也易蒸发。

2. 看外观

蛋壳上不应有粪便、蛋液等污物；蛋重均匀，蛋过大孵化率下降，过小雏鸡也小，故蛋重以 50～65 克为宜。蛋形好，以圆弧形为最好，过长、过圆、两头尖者要剔除。蛋壳厚薄适中，过厚的钢皮蛋，过薄的砂皮蛋、皱皮蛋不能作种蛋。蛋壳颜色应符合本品种要求。

种蛋大小。种蛋大小要适中，过大或过小的蛋都不能用。一般蛋用型鸡种蛋重：开产后的前 12 周为 52 克，以后为 55 克以上；肉用型鸡种蛋重：前 12 周 50 克，12 周后为 52 克以上，无论是蛋用型还是肉用型都不能超过 65 克。

3. 听音

两手各拿三枚蛋转动五指，使蛋与蛋互相碰撞，听到其声清脆为好，破损蛋可听到破裂声。

4. 照蛋

用验蛋灯在灯光下观察蛋壳、气室、蛋黄、血斑、肉斑等项内容。破蛋，气室位置不正，蛋黄灰白、上浮沉散，上有白点、黑点、暗红点者不能作种用。

5. 抽检

将抽检种蛋打开倒入衬有黑纸的玻璃板上，观察是否有肉斑、血斑及蛋清蛋黄的新鲜程度。陈旧蛋蛋白稀薄，蛋黄扁平且散黄，剔除不用。每批可随机抽取几个种蛋，将蛋打开放入平玻璃容器中，新鲜的蛋白较浓，蛋黄隆起，不新鲜的蛋白稀薄，蛋黄相对较扁平。

（二）种蛋的储存

1. 种蛋的消毒

将每天所产种蛋集中在一起进行消毒。熏蒸消毒是孵化场最常用的方法，操作简便，节省人力，杀菌效果好。可采用福尔马林熏蒸消毒和过氧乙酸熏蒸消毒。熏蒸消毒：根据消毒室的面积大小，每立方米用福尔马林28毫升，高锰酸钾14克，在室温25℃左右、相对湿度70%的条件下，关闭门窗，将高锰酸钾放入盘内，再加入福尔马林，熏蒸30分钟，然后打开门窗，让气味散尽。

浸泡消毒适用于小规模生产种蛋的消毒，尤其是清洁度较差的种蛋。但此方法蛋易破损，且种蛋不宜久存。①碘溶液消毒：将种蛋放入0.3%的碘溶液中浸泡半分钟，捞出晾干即可。②新洁尔灭溶液消毒：将5%新洁尔灭原液对水50倍，把种蛋放入浸泡3分钟，取出后晾干即可。

2. 种蛋的定点存放

（1）器具消毒。接触种蛋的蛋盘和蛋架等要清洁卫生。

（2）贮存时间

种蛋在蛋库的贮存时间应尽可能短，以不超过7天为宜。当贮存时间在15天以上时，孵化率下降明显，且孵化出的雏鸡的质量也明显较差；当贮存时间超过3周以上时，孵化率会急剧下降；若时间在1个月以上时，就可能导致绝大部分种蛋失去活力，不能用于孵化。

（3）环境条件

1）温度　存储期在7天以内，温度控制在13~17℃；超过7天，温度控制在10~12℃。

2）湿度　种蛋需要储存在相对湿度为70%~80%的环境中。湿度过低，蛋内水分易挥发；湿度过高，种蛋易发霉。

3）通风　在保证温湿度的前提下，做好通风换气和环境卫生工作。

（4）定时翻蛋

种蛋钝端朝下放置，可使蛋黄位于种蛋的中心，而且还可以使保存时间得到延长，每天应翻蛋一次，以防胚胎粘连，利于保持正常的孵化率。

3. 种蛋的运输

运输种蛋的车辆必须做到专车专用。运输车辆在孵化场出发前、种禽场装蛋前以及孵化场卸车前也一定要进行喷雾消毒处理。在箱具的选择方面，最好是选用专用蛋箱。在种蛋装箱时，要剔除不合格种蛋。蛋箱外应注明"种蛋""轻拿轻放""请勿重压"或"易碎"等字样或标记。装车摆放时，蛋箱码放的层数不可过多，可由箱体结实度、路况等因素而定。运输途中，要求快速平稳，避免颠簸、震荡。运输时的温度，应根据种蛋自产出至孵化这一段时间的长短而定，通常为 12~18℃，湿度 70%。若在冬季运输，途中要做好防寒工作；夏季运输时，要忌日晒、雨淋和高温。运输时间不可过长，越短越好。

种蛋在到达目的地后，运输车辆在经过消毒处理后卸车时，要求操作人员洗手、消毒以及穿戴专用服装后方可搬运种蛋，并注意轻拿轻放。卸车后，及时开箱检查，剔除破损蛋，清点数目，消毒，入孵。

三、孵化的操作流程

（一）孵化前准备

1. 检修。孵化前应对机器的电热系统、风扇、电动机、翻蛋系统进行检修，并观察部件是否运转正常。

2. 消毒。入孵前一个星期，清洁消毒孵化室和孵化器。室内采用石灰刷墙；孵化机采用熏蒸法，先把高锰酸钾固体放在瓷盘中，再倒入福尔马林溶液，至有浓烟冒出后把房门和机门关严。一般熏蒸 30~40 分钟之后打开门窗。按房间及机器的体积大小计算用量，每立方米放 7 克高锰酸钾、14 毫升福尔马林溶液。

3. 试温度。孵化前试温观察 2~3 天，确保调节器灵敏，温度稳定，恒温时温差小。

（二）种蛋预温

低温种蛋从储存室取出后，在孵化室或者室温下（22~25℃）预热 4~6 小时。种蛋回温后，方可入孵。减少突然升温引起的弱胚死亡，以保证出雏的时间一致。

（三）上蛋入孵

入孵时间选择在下午 4~5 时，便于白天出雏。选择种蛋码盘时大端朝上，放入孵化盘即可入孵。

（四）孵化环境控制

1. 温度

分批入孵采用恒温孵化，孵化器温度始终控制在 38℃。恒温即全过程始终将温度控制在一个恒定的范围。采用分批入孵时，应将新老种蛋间隔放置，以使温度均匀，可杜绝孵化期间增加倒盘次数以进行温度调节。

整批入孵采用变温孵化。变温室依据不同的胚龄，设置不同的温度，但在一定的胚龄范围内温度是恒定的。整批孵化阶段孵化1~7天，孵化器温度调节为38.4℃；孵化7~19天，孵化器温度调节为37.8℃；孵化19~21天，孵化器温度调节为37.3℃。

要求孵化室内的温度为22~26℃。如果室温较低并无法提高时，则应提高孵化温度0.5~0.7℃；如果室温较高又无法降低时，则应降低孵化温度0.2~0.6℃。在孵化前要试温和调温，使孵化器内各部的温度均匀并达到标准，孵化中应经常检查孵化情况，以便及时调整温度。

2. 湿度

在孵化过程中，每4小时记录一次孵化器的湿度，以观察它的变化。孵化机内的相对湿度过小，会导致蛋内水分蒸发过快，多添水以提高湿度；湿度过大，会阻碍蛋内水分蒸发过快，可减少水盘量或者少添水。

孵化前期，相对湿度维持55%~60%，保证胚胎受温均匀，利于形成尿囊液和羊水；孵化中期，相对湿度维持50%~55%，利于水分的蒸发；孵化后期，相对湿度提高到65%~70%；破壳期，雏鸡出壳达20%以上时，相对湿度保持75%。

3. 通风

提供胚胎发育需要的氧气，排出二氧化碳，使孵化器内温度均匀，驱散余热，按"前小后大"原则打开风门通风。孵化阶段孵化1~3天，通气孔关，胚胎小，不需要外界氧气；孵化4~12天，通气孔调节为小，交换氧气和二氧化碳；孵化13~17天，通气孔调节为中，交换氧气和二氧化碳；孵化18天以后，通气孔开到"最大"，避免破壳的胚胎或已出壳的鸡雏闷死。一般在验蛋、转盘之后，将进出气孔全部关闭；待温度回升到正常时，再将气孔恢复到正常水平。

（五）翻蛋

从入孵的第一天起，每隔2小时翻蛋1次，翻蛋90°（即蛋架由前倾45°处转为后倾45°处）可解决胚胎和蛋壳膜粘连问题，使种蛋受热均匀。

（六）照蛋

以便掌握胚胎发育情况，并据此采取相应措施。在整个孵化过程中，一般照蛋2~3次。

头照：入孵后5天，正常的受精蛋可看到血管分布如蛛网状，颜色发红，卵黄下沉。而无精蛋仍和新鲜蛋一样，卵黄悬在中央，蛋体透明。散黄后一般看不到血管，不规则形状的蛋黄漂悬在蛋的中线附近。死精蛋内混浊，可见有血环、血弧、血点或断了的血线。

第二次照蛋：一般在入孵后 11 天进行。发育良好的胚胎变大，蛋内布满血管，气室大而边界分明。而死胎蛋内显出黑影，周围血管模糊或无血管，蛋内混浊，颜色发黄（生产单位一般不做二验）。

第三次照蛋：可以在 17 天检查蛋内是否"封门"，剔除气室周围无暗红色血管的死胚蛋；也可在 18~19 天，同时进行三照和落盘。

（七）落盘

鸡蛋在第 18 天进行最后一次照检，将死胚蛋剔除后，把发育正常蛋由孵化机转移到出雏机继续孵化的过程叫落盘。落盘要轻拿轻放，以单层平放为好。摆放过密、过稀都对出雏不利。移盘（落盘）时，如发现胚胎发育普遍延缓，应推迟移盘（落盘）时间。

（八）清洁卫生

孵完一批小鸡之后，为了保持清洁卫生，孵化器必须清扫干净。先把保护网、出雏盘、出雏盘架、水盘取出。用鸡毛掸把机内壁、蛋盘架两端及机门的绒毛掸出，再用蘸有消毒水的抹布擦干净。取出的各种用具要用消毒水洗刷，经暴晒后，再放回原处。

（九）停电

在孵化过程中如遇到电源中断或孵化器出故障时，要采取下列各项措施。

1. 如已入孵 10 天以上，要立即把门打开，驱散积热，然后做好室内的保温工作。冬天天气较冷应将室内的温度提高到 27℃以上。孵化器停电后，可将沸水装入塑料桶并盖好，放入孵化器中作为热源。一般沸水桶放入孵化器内的时间不能晚于停电后 30 分钟。孵化温度的控制主要通过沸水的数量和换水来解决。每隔半小时摇动风扇 5 分钟使温度均匀。沸水桶放入孵化器时，要远离种蛋。

2. 停电后，将孵化器所有的电源开关关闭。

3. 机器内有入孵 10 天以内的鸡蛋，进出气孔关闭，机门可关上。

4. 孵化中后期。停电后每隔 15~20 分钟转蛋一次；每隔 2~3 小时把机门打开一半，拨动风扇 2~3 分钟，驱散机内积热，以免由于机内积热而烧死胚胎。

5. 如机内有 17 天的鸡蛋，因胚胎发热量大，闷在机内过久容易热死，应提早落盘。

四、出雏及出雏后的操作流程

（一）出雏期的操作规程

1. 出雏机的准备

（1）消毒

每次出雏结束后，应及时彻底地对出雏器进行清洗消毒，可用消毒液擦洗出雏器内壁、风扇叶等，不留任何死角，将干净的盘架和出雏盘由洗涤室推进出雏器内，并以 3 倍浓度甲醛烟熏消毒后备用。

（2）预热

出雏器应在落盘前数小时开机升温，出雏较适宜温度为 37.0～37.3℃，一般比孵化机低 0.3～0.5℃，具体温度要根据胚胎发育情况以及室内环境温度等而定。湿度一般为 65%～75%，以利于雏鸡的出壳，并防雏鸡的脱水。通风 19 天后的胚胎开始用肺呼吸，需要大量的氧气，因此，出雏器应将风门开至最大的位置。为使进入出雏器内的空气保持含氧量为 21%，孵化厅必须有专用的新鲜空气进入通道和机内废气排出管道，绝对禁止将机内废气自然排放在孵化厅内。

2. 落盘

（1）落盘

要求从孵化器中移出的种蛋应尽快地转到出雏器中。操作时应轻拿轻放，避免损坏蛋壳，尤其是装满蛋的出雏盘在推向出雏器时，一定要缓缓推行，应特别小心，防止损伤胚胎，另外在出雏盘的上层要加上盖，以防雏鸡跌落。

（2）消毒

落盘后的消毒种蛋进入出雏器后，用 2 倍浓度的熏蒸剂熏蒸出雏器 15 分钟，熏蒸结束后，应将机器风门开至最大，将毒气全部排出室外。另外，为了保持环境清洁，每隔 4 小时就要用 120 毫升的福尔马林放入浅盘中熏蒸，要保证所有的雏鸡都熏蒸到。

3. 出雏时的操作

（1）捡雏

破壳出雏时每隔 5～6 小时捡雏 1 次，将脐部收缩良好、绒毛已干的雏鸡拣出来。而脐部凸出肿胀、鲜红光亮的和绒毛未干的软弱小鸡，应暂时留在出雏盘内，待下次再拣。在捡雏时要把蛋壳同时捡出来。捡出的雏鸡放有隔的雏箱或雏篮内，随后再放到存雏间里，使雏鸡充分休息，准备售出或接运。千万不能挤堆存放，以免因过度拥挤闷热而死亡。

在孵化过程中应特别注意的是一定要保持原来的种蛋标记，严防混杂。否则，作为种鸡将严重影响制种体系，造成品系不纯；作为商品鸡也无法准确测定哪一批种蛋的出雏率高。

（2）人工助产

在捡鸡的同时，对出壳困难的可采取人工助产。如过干时可用温水湿润后再剥离，一旦胚胎头颈露出，应再放回出雏盘内，让其自行出壳，千万不可强行剥离蛋壳。助产时动作应轻，切勿损伤雏鸡血管。

4. 后期清理工作

鸡蛋孵到 21 天，当大部分雏鸡出壳以后，就应开始进行清理工作。首先将死雏和毛胚蛋捡出。如果不把死雏和毛胚蛋捡出来，它们会吸收附近胚胎的热量，影响胚胎的继续发育和破壳。毛胚蛋的颜色暗黑，用手摸时比较凉，敲一敲蛋壳发实音；而活的胚胎蛋壳颜色正常，摸时温度较高，轻敲蛋壳空响。为了更有把握地捡出毛胚蛋，还可以用验蛋灯照一下，凡是活动的就是活胎，不动的或不摇不动的就是毛胚蛋。死雏和毛胚蛋捡出后，把剩下的活胚胎归并在一起，如不满一盘时，可将胚胎堆在雏盘内角，放在温度较高的出雏盘位置上，促其快出雏。

（二）出雏后的管理

将刚出壳的雏鸡存放在温度为 21～24℃、湿度为 50％、通风良好的存雏间内。对孵出的父母代种雏或商品代雏鸡实施相应的系列操作。

1. 父母代出壳后种雏的管理操作

（1）初生雏雌雄的鉴别

祖代种鸡的性别鉴定有两种情况：祖代鸡母系的后代用羽毛鉴别法；父系后代用肛门鉴别法。羽毛鉴别是指快慢羽的鉴别，即慢羽是指主翼羽与副主翼羽等长或副主翼羽长于主翼羽，即为雄雏；快羽是指主翼羽长于副主翼羽，为雌雏。通过鉴别选择父系后代中的雄雏和母系后代中的雌雏作为父母代配套种鸡，其他作为商品肉鸡使用。肛门鉴别即翻开初生雏的肛门，在泄殖腔口下方的中央有微粒突起，称为生殖突起，其两侧斜向内方有呈八字形的皱襞，称为八字状襞，是公雏。公雏的生殖突起充实、饱满、有光泽、富有弹性。雌雏轮廓不明显、萎缩，柔软透明，弹性差。雏鸡出壳后应在 12 小时以内鉴别完。

（2）种雏的疫苗接种、剪冠和断趾

1）疫苗接种

在正确注射马立克疫苗前，接种器必须经过清洗消毒，方能使用。雏鸡鉴别后应立即接种，必须在出壳 24 小时内接种完毕。每只雏鸡可在颈后两翅间的皮下注射 0.2 毫升，含有 1000 个以上蚀斑单位的疫苗，疫苗经稀释后必须在 1 小时之内使用完毕。孵化场必须训练接种人员细心、精确地注射疫苗。

2）剪冠和断趾

公雏剪冠可防止啄斗时受伤，或在采食饮水时被鸡笼栅格擦伤，且便于日后识别误鉴的公鸡。具体方法是用手保定头部，用圆弯头剪紧贴头部，从冠的基部由前向后将冠剪去。断趾是因为肉种鸡公雏到成年后，在配种时因体大笨重，往往抓伤母鸡的背部，故在出生后对其第 4 趾（内趾）用剪刀紧贴指甲的基部剪去，并烧烙一下。

2. 商品雏鸡的管理

（1）雏鸡出壳后。出壳后雏鸡在存雏间应停放 4~5 小时，使之恢复体力。存雏间的温度、湿度保持适宜，存放雏鸡的塑料盘应严格洗涤消毒后方能使用。

（2）选雏。雏鸡精神活泼，双目明亮，羽毛色泽淡黄，无疲倦脱水的健康雏鸡。剔除钉脐、黑脐、跛腿等不合格雏鸡，应尽可能早点发放到养鸡户的手中。

第四节　引进良种的操作流程

一、饲养肉鸡品种的选择

（一）引进商品肉鸡，应重点考虑以下几点

1. 要考虑肉鸡生长速度。如需早期生长速度快的品种，可选用 AA、艾维茵等。遗憾的是，正在步入小康的中国人不喜欢这种肉质、口感较差的鸡肉。因此，消费市场以快餐业、出口为主。

2. 要考虑羽色和市场需求。对羽色没有具体要求的可选养白羽肉鸡；如市场对羽色有要求的，可选养黄羽肉鸡；如要加工冻鸡出口外销的，应选择白羽肉鸡，其加工屠体美观、一致；如以活鸡供应市场内销的，可选养黄羽肉鸡。不但外表美观，而且体形适中，便于家庭消费。

3. 要考虑肉质风味。从肉质鲜美、嫩度好的角度，可选养我国优良地

方鸡种和培育鸡种。例如三黄鸡广受南方消费者群体的喜爱。

4. 要考虑适应性。肉用仔鸡要求短期生长发育强度大、成活率高。最好选养与饲养地气候相近的国家或地方培育的鸡种，容易适应饲养地的气候环境。

5. 要考虑价格和就近原则。尽量在本地购买合适的肉用仔鸡饲养。

（二）引进种用肉鸡，需要考虑以下几点

1. 品种遗传性能的稳定性。

2. 不同品种的生物学特性差异。不同品种对环境、饲养管理有不同要求。

3. 市场份额和发展趋势。

二、鸡苗的选择

（一）自育雏鸡鸡苗选择的操作流程

出壳鸡苗有强有弱，出壳时间有早有晚，对初生鸡苗进行鉴别选择，便于按大小、强弱进行分群饲养，提高育雏效率。选择时，可通过听、摸、看的方法进行。

1. 听鸡苗的叫声

强雏：叫声清脆而洪亮。弱雏：叫声微弱或不停地尖叫。另外，早孵出的小雏质量一般较好，晚孵出的小雏则质量较差。

2. 看鸡苗的外表和精神状态

强雏：活泼好动、眼大有神、绒毛紧密、整洁光亮、卵黄吸收良好、脐部没有血迹。弱雏：精神萎靡、缩头闭眼、绒毛蓬乱、污秽无光，腹部膨大、松弛，卵黄吸收不良，脐部收缩不良，有血痕。

3. 摸鸡的丰满度和体温

强雏：握在手里感到温暖、饱满有力、弹性好、挣扎力强、腿干结实。弱雏：摸在手里感到瘦小、松软、无温热感、无力挣扎。

雏鸡的装运。雏鸡在装箱之前，必须经过点数、分级。在整个过程中都应重视雏鸡质量的选择，凡是有缺陷或弱雏等不合格雏鸡都应剔除，再装上雏鸡箱。运雏箱一般分隔成 4 个小室，每个小室装 25 只，可避免运输过程中相互挤压而造成损失，一箱容纳 100 只雏鸡，加好 4％的备耗亡雏鸡，填发出场合格证。

（二）购入雏鸡鸡苗的操作流程

1. 种鸡场的选择

（1）养殖户需到有种畜禽生产经营许可证的种鸡场购买鸡苗。种畜禽生产经营许可证是由国务院畜牧兽医行政主管部门制定的，从事种畜禽生产经营或者生产商品代仔畜、雏禽的单位、个人的许可凭证。

（2）调查被购买鸡苗鸡场的饲养管理及疾病预防情况。

购苗之前，一定要调查被购鸡苗种场的生产水平、防疫情况等。①查阅鸡场的养殖生产档案，首先查看禽的品种、数量、繁殖记录、标识等情况。②查看种鸡场的引种证明。一个优秀的种鸡场每批次种鸡的档案会完整清晰。③查看饲料、饲料添加剂等投入品和兽药的来源、名称、使用对象、时间和用量等有关情况，了解饲养管理情况。④检疫、免疫、监测、消毒情况，畜禽发病、诊疗、死亡和无害化处理情况，了解鸡场疫病预防情况。

了解了这些情况，养殖户就会对鸡场的管理有一个大致的评价。被购买鸡苗鸡场种鸡的生产性能好，饲养管理水平高，疫病少，将来鸡苗的成活率高，成鸡的生产性能好。调查好鸡苗鸡场的情况，特别是对于初次养鸡的鸡场尤为重要。一种疾病一旦带入鸡场，鸡苗就难以成活。这就是养殖年限越长的鸡场死亡率反而越高的原因。

（3）调研种鸡场的口碑信誉。走访饲养 2 批以上某个种鸡场鸡苗的规模养殖场，听取养殖场对自家鸡苗的质量、产蛋和服务情况的介绍。

（4）种鸡场与自己鸡场的距离。最好的距离是公路运输不超过 10 小时，保证当天的鸡苗能当天运到。而对于飞机等运输，在路途中耽误 3 天左右的鸡雏，饲养难度会非常大。所以省、市区域内适度规模的种鸡场供应本区域商品代鸡苗，确实比依靠全国市场为主的超大型、全国为主数多的超大型、远距离种鸡场供应鸡苗有很大的优势。

2. 鸡苗的选择

（1）确定鸡苗引进的时间。①关注种鸡场的种鸡日龄。确保想引进鸡苗的时期，种鸡场有没有日龄在 32～45 周的种鸡，这些"适龄"的种鸡后代往往更优秀。②购买鸡苗的时间尽量避免在雨季和夏季（4～7 月）。原因：一是天气炎热，无论种鸡还是育雏养殖难度较大；二是雨季和夏季育雏鸡要到第二年开春才开产，养殖效益差，遇市场鲜蛋旺季，经济效益低。③接雏的时间。初生鸡苗在 36～48 小时以内，可以利用体内未吸收完的蛋黄，这段时间内可以不饲喂，同时也是运雏的适宜时间。故接雏时间应安排在鸡苗绒毛干燥后的 48 小时以内。冬天以温暖的中午为宜，夏天则宜在早晚进行。

（2）鸡苗的挑选

1）要测量刚下车雏鸡的体重及均匀度。随机按照饲养规模 2%～3% 的比例下车后测量雏鸡的体重和均匀度，体重要在 36～40 克，太小为 180 天之内，甚至更小日龄年轻母鸡产的蛋，这样的鸡苗早期难管理，且糊肛较多；太大为 400 天后母鸡产的蛋，这样的鸡产蛋情况、健康状况相对较差。第一天的均匀度越高越好，以 90% 以上为好，低于 70% 的饲养难度会很大。

2）看鸡苗的健康情况。一是看力道：提起雏鸡双爪，鸡能迅速"引体向上"把头抬到脚爪高度的为体质好的鸡苗，而头朝下不能抬起或抬起很低的为弱雏；二是看硬度：用手拨动箱内的雏鸡头部，感觉硬且撞击手掌有力的为体质好的鸡雏，鸡头撞击力度小而且无力者为弱雏；三是看反应：震动运送雏鸡的箱子，不易跌倒或跌倒后能迅速站起的为体质好的鸡雏，反之易跌倒且站起较慢的或长时间不起者为弱雏；四是看外形：健康的鸡雏具有眼明、毛齐、无残疾、无大肚脐、肤色润泽、反应一致的特点。凡是有残疾，大肚脐的雏鸡要立即淘汰；五是听叫声：好鸡雏叫声响亮有力，而弱雏叫声凄惨低哑。

3. 雏鸡运输的操作流程

（1）运雏人员。应挑选责任心强，有一定专业知识和运雏经验的人进行接雏、运雏。

（2）装运用具。运雏工具多用汽车，车辆要清扫干净，不得有腐蚀、刺激性气体。装雏容器可用专用运雏箱（箱长 60 厘米，宽 45 厘米，高 18 厘米。箱内分成四个小格，每格可放 25 只鸡苗，每箱可装 100 只。箱的四周有通气孔）。没有专用运雏箱的，可用厚纸箱、木箱、竹筐、条筐代替，箱的四周、顶盖要留通气孔，箱内垫碎软干草。

（3）运输途中，车速适当放慢，行驶平稳。每隔 1 小时左右对鸡苗进行一次检查。如发现鸡苗张嘴抬头，绒毛潮湿，证明温度过高，应注意通风降温。如鸡苗拥挤扎堆，吱吱乱叫，证明鸡苗怕冷。温度过低，应注意保温，如加盖棉被等。在不影响鸡苗通气的情况下，冬季用棉被保暖，夏季用篷布遮阳防雨。

第四章　肉鸡饲养管理操作流程

第一节　快大型肉仔鸡的饲养管理操作流程

一、制订生产计划

（一）饲养周期与年养批次

饲养周期指上一批肉鸡入舍至下一批肉鸡入舍所间隔的时间，包括每批肉鸡的饲养和空舍消毒两个生产环节需要的天数，饲养周期的长短决定养鸡场的肉鸡生产量。一年安排肉鸡饲养的批次，与饲养天数和空舍天数有关，表4-1列出了不同饲养期和空舍期每年饲养肉鸡的批数。目前肉仔鸡饲养时间一般为6~8周，空舍时间一般要求不少于1~2周。每年的肉仔鸡饲养不少于5批。饲养期的长短应根据饲养要求与肉鸡各周龄体重、饲料利用率的变化来选择，此外，还与肉鸡市场要求的规格有关，整鸡出售时胴体重量较小，需要饲养的天数较短；分割肉鸡要求体重大，饲养天数较长。

表4-1　不同饲养期和空舍期每年饲养肉鸡的批数表

饲养期（天）	空舍天数（天）							
	7	8	9	10	11	12	13	14
36	8.5	8.3	8.1	7.9	7.8	7.6	7.4	7.3
38	8.1	7.9	7.8	7.6	7.4	7.3	7.2	7.0
40	7.7	7.6	7.4	7.3	7.2	7.0	6.9	6.8
42	7.7	7.3	7.2	7.0	6.9	6.8	6.6	6.5
44	7.1	7.0	6.9	6.8	6.6	6.5	6.4	6.3
47	6.8	6.6	6.5	6.4	6.3	6.2	6.1	6.0

续表

饲养期（天）	空舍天数（天）							
	7	8	9	10	11	12	13	14
49	6.5	6.4	6.3	6.2	6.1	6.0	5.9	5.8
52	6.2	6.1	6.0	5.9	5.8	5.7	5.6	5.5
54	6.0	5.9	5.8	5.7	5.6	5.5	5.5	5.4
56	5.8	5.7	5.6	5.5	5.5	5.4	5.3	5.2

（二）鸡群周转与隔离

鸡群周转最好采用"全场全进全出制"或"整舍全进全出制"，前者即在一个鸡场中同一时间内只养同一日龄的肉仔鸡。全部肉鸡在同一时间内入场，同一时间内出场。一批鸡出场后留一定空闲和休整时间，可充分清扫、消毒，杜绝疫病的循环或交叉感染。近年来由于隔离和疫病控制的进步，已可以在一个鸡场中同一时期内饲养几批肉鸡，这样也要做到整栋鸡舍全进全出，生产者可根据自己鸡场的条件决定鸡群周转方式。无论哪种周转方式，鸡场均应采取隔离措施，严防外地来往人员、动物或车辆进入饲养区域。因此，鸡场最好有围墙，至少也应有严密的围栏，鸡场大门平时上锁。人员和车辆入口要有消毒设施。

（三）生产规模

逐步扩大生产规模，是饲养者提高肉鸡生产效益的途径之一，应该在改善饲养条件的基础上，提高饲养量和鸡舍的利用率，增加全年的饲养批次。肉鸡生产规模与饲养组织形式有关，国内肉鸡生产有专业户、小型肉鸡场、肉鸡生产联合体和肉鸡集团公司等形式，年出栏肉鸡从数千只到一千万只以上。肉鸡集团公司是肉鸡产业化的一种代表形式，这类肉鸡企业实行连续性生产，不断地出栏肉鸡及其加工产品。这需要肉鸡企业建立一个与其规模相配套的生产体系，有种鸡场、孵化场、饲料厂、商品肉鸡场、屠宰加工与冷藏厂、技术服务、产品营销和运输等部门，其中从种鸡到商品肉鸡产出为饲养工序，除保证完成生产任务外，还与后期屠宰加工工序的生产能力相配套。比如，一个年加工处理5000万只肉仔鸡的公司，应由祖代肉鸡场自繁或引进父母代种鸡40万～45万套，商品肉鸡每批1万只为一个饲养单位，全年生产5批，年产5万只肉仔鸡，需要配置1000个这种规模的饲养单位，每年才能生产5000万只肉鸡，年屠宰加工8.5万吨左右的鸡肉产品。另外，还需一支素质较高的科技服务和营销队伍，对企业的发展起着举足轻重的作用。

二、快大型肉用仔鸡的生产特点

（一）早期生长速度快，饲料利用率高

快大型肉用仔鸡来源于肉种鸡父母代杂交，具有肉种鸡父母代的共同优点，其生长速度、饲料转换率均有强大的杂交优势。

一般水平：7～8 周龄 2 千克，料肉比 2∶1；

先进水平：37 日龄 2 千克，料肉比 1.65∶1。

生产性能均匀、整齐，出栏时 80％以上的鸡在平均体重±10％以内，有利于提高出栏率。

（二）饲养周期短、周转快、单位设备生产率高

8～9 周可周转一批，每年可生产 5～6 批。

（三）饲养密度大，劳动生产率高

快大型肉鸡主要靠规模效益取胜，生产过程中基本实现了机械化、自动化，一个饲养人员可饲养 1 万～2 万只，年可出栏肉鸡 5 万～10 万只。

（四）易发生腿病、胸部囊肿、腹水症等

原因：生长快、体重大、活动少、密度高，笼养易发生上述疾病。

防治：平养应注意垫料厚度、硬度；笼养应考虑塑料垫网的弹性，以及是否有损坏，防止脚部、胸部皮肤划伤。此外，运输、捉鸡也应特别注意。

三、选择鸡舍与饲养方式

（一）鸡舍

肉鸡舍有密闭式和开放式两种，建造鸡舍可因地制宜，以经济效益为准。南方夏季炎热，用密闭鸡舍时设水帘并用纵向通风，则可大大降低舍内温度，北方更应注意鸡舍保温良好，冬暖夏凉。鸡舍天棚和墙壁要便于冲洗和消毒，设有风机或排气孔。鸡舍跨度最好有 12 米，因为多数自动喂料装置适于这一宽度，这样的宽度在密闭舍也容易维持正常的通风。舍内应隔成小圈，每圈容鸡数以不超过 2500 只为宜，据研究，如超出这一范围，每超过 1000 只，每只鸡体重降低 3.6 克。分圈饲养出场时也便于捉鸡。

（二）饲养方式

肉用仔鸡的饲养方式主要有四种：

1. 厚垫料饲养：利用垫料饲养肉用仔鸡是目前国内外普遍采用的一种方式。优点是投资少，简单易行，管理也比较方便，胸囊肿和外伤发病率低；缺点是需要大量垫料，常因垫料质量差，更换不及时，肉鸡与粪便直接接触易诱发呼吸道疾病和球虫病等。垫料以稻壳、刨屑、枯松针为好，其次还可用铡短的稻草、麦秸，压扁的花生壳、玉米芯等。垫料应清洁、松软、吸湿性强、不发霉、不结块，经常翻动，保持疏松、干燥、平整。

厚垫料饲养是指进鸡前地面铺 10 厘米的垫料，随着鸡的逐渐长大，垫料越来越脏污，所以应经常翻动垫料或在旧垫料上经常添加一层新垫料，并注意清除饮水器下部的湿垫料。这样待鸡出栏后将垫料和粪便一次清除。

2. 网上平养：这种方式多以三角铁、钢筋或水泥梁作支架，离地 50～60 厘米，上面铺一层铁丝网片，也可用竹排代替铁丝网片。为了减少腿病和胸囊肿病发生，可在平网上铺一层弹性塑料网。这种饲养方式不用垫料，可提高饲养密度 25%～30%，降低劳动强度，减少球虫病的发生。缺点是一次性投资大，饲养大型肉鸡胸囊肿病的发病率高。

3. 笼养：目前欧洲、美国、日本利用全塑料鸡笼，已使肉鸡笼养工艺在实践中得到应用。国内已重视饲养肉鸡笼具的研制。从长远看，肉用仔鸡笼养是发展的必然趋势。肉鸡笼养可提高饲养密度 2～3 倍，劳动效率高，节省取暖、照明费用，不用垫料，减少了球虫病的发生，缺点是一次性投资大，对电的依赖性大。

4. 笼（网）养与平养相结合：不少地区的肉鸡饲养者，在育雏取暖阶段采用笼（网）养，转群后改为地面厚垫料饲养。这种方式由于前期在笼（网）养阶段体重小，胸囊肿病发生率也低，细菌病、球虫病大为减少，提高了成活率和劳动生产率。

在对以上肉鸡饲养方式有充分了解之后，饲养者可根据当地条件和自身经济状况，选择适当的肉鸡饲养方式。

四、饲养前的准备

(一) 用品准备

1. 供暖设备　进雏前 2～3 天，整理好供暖设备，把育雏温度调到需要达到的最高水平（一般近热源处 35℃，其他地方温度最高 24℃），观察室内温度是否均匀，加热器的控制元件是否灵敏，温度指示是否正确，供水是否正常。

锅炉供暖：分水暖型和气暖型。育雏供温以水暖型为宜。

红外线供暖：红外线发热原件有两种主要形式，即明发射体和暗发射体，两种都安装在金属反射罩下。

煤炉供暖：这是我国北方常用的供暖设备。

2. 食槽　要求光滑、平整，鸡采食方便但不浪费饲料，便于清洗和消毒，高度合适，通常食槽上缘比鸡背约高2厘米。食槽可用木板、镀锌薄铁板或硬塑料制成。现常用链式喂饲机、弹簧式螺旋喂饲机、塞盘式喂饲机。

3. 饮水器　种类很多，根据鸡的大小和饲养方式而定，但都要求容易清洗，不漏水，不污染。

4. 垫料　地面散养者在接雏前5天在育雏区地面铺一层垫料，厚薄要均匀。常选用稻壳、锯末、刨花等，以10厘米长为宜，厚度为3～5厘米。对垫料的要求是干燥、松软、洁净、吸水性强、不发霉、无异味、灰尘少，使用前需在太阳底下进行日晒消毒，要注意不断翻动，以便彻底消毒。

5. 药品及添加剂　育雏期间应准备的药品包括消毒药物、抗菌药物和疫苗。使用的添加剂有酶制剂、口服补液盐、电解多维、维生素C、葡萄糖或蔗糖等，根据需要可准备其中的几种。

（二）清洗、检查与维修鸡舍及设备

将舍内的鸡粪、垫料、顶棚上的蜘蛛网、尘土等清扫出舍，再进行检查维修，如修补门窗、封死老鼠洞，检修鸡笼，准备好喂水和喂料设备、加温装置等。

（三）消毒鸡舍与设备

按顺序消毒鸡舍和设备：冲洗→干燥→药物消毒→熏蒸→进鸡前3天通风，排出甲醛等气体。消毒后要空舍2～3周；进雏前5天再一次熏蒸消毒，消毒要彻底，不留死角，要选用低毒高效的消毒药。熏蒸消毒灭菌率达99％，既方便又快捷，是一种行之有效的消毒措施。正确的熏蒸方法是舍内清扫洗刷干净后将所有用具及垫料等全部放到舍内，门窗关闭（门窗不严的要用塑料膜封严），按每立方米空间用福尔马林30毫升、高锰酸钾15克的比例放在一起，封闭熏蒸24～48小时。注意事项：一是舍内温度24℃左右，相对湿度70％～75％；二是舍内必须封严，否则影响消毒效果；三是药物盛装禁用塑料制品，以防着火；四是先将高锰酸钾置于容器后，迅速倒入福尔马林溶液。

五、配制饲料

(一) 肉用仔鸡的营养需要

满足营养需要是充分发挥肉用仔鸡快速生长特点的首要条件。优良品种具有快速生长的遗传潜力，但如果不能满足营养需要，遗传潜力根本发挥不出来。随着动物营养学科的发展，日粮配合日趋完善，肉鸡生产效益也大为提高。

1. 肉用仔鸡的营养要求特点

(1) 要求各种养分齐全充足。任何微量成分的缺乏或不足都会出现病理状态。在这方面，肉用仔鸡比蛋用雏鸡更为敏感，反应更为迅速。

(2) 要求高能高蛋白水平。高能高蛋白水平能发挥最大的遗传潜力，获得最好的增重效果。

(3) 要求各种养分的比例平衡适当，才能提高饲料利用率，降低饲料成本。

2. 肉用仔鸡的营养需要量

每个肉鸡育种公司都对自己的商品代肉用仔鸡进行过大量的试验，通过试验总结提出本鸡种肉用仔鸡的营养需要量。各鸡种肉用仔鸡的营养需要量大同小异。根据肉用仔鸡营养需要量，选择质优价廉的饲料原料，加工生产出优质全价配合饲料，这是满足肉鸡营养需要的物质基础，也是肉鸡快速生长潜力得以发挥的物质基础。

为了使肉鸡生长的遗传潜力得到充分发挥，应保证供给肉鸡高能量、高蛋白、维生素和微量元素等营养成分丰富而平衡的全价配合饲料，提供符合肉用仔鸡生长规律和生长需要的蛋白能量比值。前期应注意满足肉用仔鸡对蛋白质的需要，如果饲料中蛋白质的含量低就不能满足早期快速生长的需要，生长发育就会受到阻碍，其结果是单位体重耗料增多；后期要求肉用仔鸡在短期内快速增重，并适当沉积脂肪以改善肉质。所以后期对能量要求突出，如果日粮不与之相适应，就会导致蛋白质的过量摄取，从而造成浪费，甚至会出现代谢障碍等不良后果。肉鸡从前期料改变为后期料的时间，单就饲料的价格而言，应以尽早才合算，但过早会影响肉鸡的生长发育，反而影响总的饲养效果。在生产中，要避免不管饲料营养水平是否符合肉用仔鸡的营养需要，单纯以低价取饲料的方法。因为不同的饲料的差价，反映在饲养效果上也不一样，结果是便宜的饲料反不如成本稍高的饲料盈利多。快大型的肉用仔鸡，饲料中能量水平在 12.97~14.23 兆焦/千克范围内，增重和饲料效率最好；而蛋白质含量以前期 22％、后期 20％的水平生长最佳。根据我国目前的实际情况，肉用仔鸡饲料的能量水平以不低于 12.13～12.55 兆焦/千克，蛋白质含量前期不低于 21％、后期不低于 18％为宜。

　　肉用仔鸡的饲养可分为两段制和三段制，两段制是 0～4 周龄喂前期料，属育雏期；4 周龄以后则喂后期料，属肥育期。我国肉用仔鸡的饲养标准属两段制，已得到广泛应用。当前肉鸡生产发展总的趋势是饲养周龄缩短，提早出栏，并推行三段制饲养。三段制是 0～3 周龄喂前期料，属育雏期；4～6 周龄喂肥育前期料，属中期；6 周龄后到出售喂育肥后期料。三段制更符合肉用仔鸡的生长特点，饲养效果较好。肉用仔鸡的营养标准见表 4-2。

表 4-2　肉用仔鸡的营养标准

项　　目	前期料（0～3 周）	中期料（4～6 周）	后期料（6 周后）
代谢能（兆焦/千克）	12.97	13.39	13.39
蛋白质（％）	22	20	18
钙（％）	0.95	0.90	0.85
可利用磷（％）	0.47	0.45	0.43
盐（％）	0.45	0.45	0.45
赖氨酸（％）	1.28	1.20	0.96
蛋氨酸（％）	0.47	0.44	0.38
蛋+胱氨酸（％）	0.92	0.82	0.77

　　根据肉用仔鸡的营养需要和当地的饲料种类，筛选出最佳配方，这是饲养肉用仔鸡最重要的问题之一，因为饲料的质量、价格是影响肉用仔鸡生产成本的主要因素。肉用仔鸡增重、饲料消耗量见表 4-3。

表 4-3　肉用仔鸡增重、饲料消耗量

周龄	活重（克）		饲料消耗量（克）	
	周末	每周增重	每周计算	累积计算
1	165	125	144	144
2	405	240	297	441
3	735	330	485	926
4	1150	415	707	1633
5	1625	475	935	2568
6	2145	520	1186	3754
7	2675	530	1382	5136
8	3215	540	1648	6784
9	3710	495	1749	8533
10	4180	470	1959	10492

（二）肉用仔鸡的饲粮配制

1. 饲料原料选择

由于仔鸡饲粮能量水平较高，饲粮当以含能量高而纤维低的谷物为主，不宜配合较多的含能量低而纤维高的糠麸类，如配合 12.55 兆焦以上的饲粮可加少量的油脂。由于谷物一般含蛋白质较低，氨基酸不平衡，故饲粮中应配以适量的油饼类和添加适量的蛋氨酸。鱼粉、骨肉粉价格较高，且易含沙门菌，现已很少使用，如当地价格便宜，无污染时也可配以少量动物性饲料，改善饲粮的营养价值。谷物和油饼中的钙、磷、钠等矿物质含量低，利用率差，饲粮中还应配以贝壳、骨粉、食盐等矿物质。谷物和油饼中所缺乏的微量矿物质和维生素类可用成品的添加剂予以补充。这样配成的饲粮就是全价饲料，可以满足肉鸡快速生长和保持健康的需要。配合饲粮时应注意饲料的品质和含水量，不能喂发霉变质的饲料。饲料种类的选择可因地制宜，但必须满足营养需要，注意饲料成本，可借助电脑制成最佳配方。

肉用仔鸡饲养期短，饲粮的配合应尽可能保持稳定，如需要改变时，必须逐步更换，饲粮急剧变化会造成肉鸡消化不良，影响生长。下列饲粮配合供参考见表 4-4。

表 4-4　肉仔鸡饲粮配方及主要营养含量

原料	0～3周	4～6周	7周至上市	主要营养成分	0～3周	4～6周	7周至上市
玉米（％）	58.83	62.89	67.57	粗蛋白（％）	21.00	19.00	17.20
豆粕（％）	30.49	25.30	19.20	钙（％）	0.90	0.90	0.80
棉籽粕（％）	3.00	3.00	5.00	有效磷（％）	0.48	0.45	0.38
鱼粉（％）	2.00	2.00	1.50	食盐（％）	0.33	0.37	0.35
磷酸氢钙（％）	1.52	1.41	1.11	赖氨酸（％）	1.09	0.94	0.85
石粉（％）	1.10	1.21	1.20	蛋＋胱氨酸（％）	0.85	0.73	0.60
食盐（％）	0.26	0.30	0.29	代谢能 （兆焦·千克）	2.85	2.95	3.00
动物油脂（％）	1.59	2.79	3.05				
预混料（％）	1.00	1.00	1.00				
赖氨酸（％）	0.06	0.02	0.08				
蛋氨酸（％）	0.15	0.08	——				
合计	100.00	100.00	100.00				

2. 料型

喂养肉用仔鸡比较理想的料型是前期使用破碎料，中、后期使用颗粒料。采用破碎料和颗粒料可提高饲料的消化率，增重速度快，减少疾病和饲料浪费，延长脂溶性维生素的氧化时间。在采用粉料喂肉用仔鸡时，一般都是喂配制的干粉料，采取不断给食的方法，少给勤添，保持不断料。为了提高饲料的适口性，使鸡易于采食，促进食欲，在育雏的前7～10天可喂湿拌料，然后逐渐过渡到干粉料，这对提高育雏期的成活率、促进肉用仔鸡的早期生长比较有利。应注意防止湿拌料冻结或腐败变质，当饲料从一种料型转到另一种料型时，注意逐渐转变的原则，完成这种过渡有两种方法：一是在原来的饲料中混入新的饲料，混入新饲料的比例逐渐增加；二是将一些新的喂料器盛入新的饲料放入舍内，这些喂料器的数量逐步增加，盛原来饲料的喂料器则逐步减少。无论采用哪种过渡法，一般要求至少3～5天的过渡时间。

3.肉用仔鸡的生长速度、饲料消耗和饲料效率受很多因素影响，诸如品种、营养水平、环境、疫病等。生产肉用仔鸡既要争取高的生长速度和良好的饲料效率，也要注意生产成本和最终经济效益。肉用仔鸡生长和耗料标准见表4-5。

表4-5　肉用仔鸡生长和耗料标准表

周　龄	周末体重（克）		累计耗料（克）	
	一	二	一	二
1	150	158	147	149
2	350	398	441	509
3	624	679	890	964
4	950	1015	1510	1604
5	1300	1423	2267	2202
6	1650	1859	3328	3339
7	2000	2287	4098	4505
8	2350	2722	5180	5771
9	2700	3147	6362	7238

六、进雏

（一）基本要求

雏鸡要求来源明确，向生产规模较大的种禽场引种，引种场必须具备种畜禽生产经营许可证、防疫合格证、引种证明等法律法规规定的证明文件。

（二）雏鸡的选择

1.健康雏鸡　健康雏鸡活泼好动，手握有力，反应灵敏，叫声响亮；脐部愈合良好，腹部柔软，卵黄吸收良好，肛门周围无污物黏附；喙、眼、腿、爪等无畸形；体重大小适中且均匀，体形外貌符合本品种标准。

2.弱雏鸡　凡站立不稳、精神萎靡、绒毛杂乱、背部黏有蛋壳、脐部愈合不良、腹部坚硬以及拐脚、歪头、眼睛有缺陷或交叉嘴的雏鸡要全部淘汰，以免造成污染和不必要的饲料浪费。

（三）雏鸡的运输

初生雏最好能在48小时内运达目的地，时间过长对雏鸡的生长发育有较大的影响。最好用专用的运输纸箱或塑料筐，装、运雏鸡的工具均应经消毒后才能使用。运输时要注意防寒、防热、防缺氧、防雨淋等。初生雏运输的原则是：要求迅速平稳，舒适安全，防雨防潮，保持雏鸡实际感受的温度适宜，氧气充足。关键是解决好温度与通气的矛盾，防止顾此失彼。只重视保温，不注意换气，就会造成闷热、缺氧，甚至导致窒息死亡；而只注意换气，忽视了保温，雏鸡则容易受风感冒或发病拉稀。

七、快大型肉用仔鸡的饲养管理

（一）不同日龄的饲养管理技术

1. 1～3 日龄

（1）饮水　水分占雏鸡身体的 60%～70%，存在于鸡体组织中。由于长途运输和排泄，加上育雏室温度高，很易造成雏鸡脱水。因此，雏鸡接回后，应先给雏鸡饮水，2 小时后开食。头 7 天采用 20℃左右温开水，水中加入 5% 葡萄糖、电解多维、抗生素等，同时配有足够的水槽及饮水位置，防止水溢出污染饲料。对饮水器周围污染的垫料要经常更换。

（2）开食　雏鸡饮水 2 小时后，开食给料。由于小鸡消化功能尚不健全，应喂易消化的粉料，应少喂勤添，昼夜饲喂，一般每 2 小时饲喂一次，头 3 天一定要在平面上饲喂，将饲料放于饲料盘或塑料布上均可。

（3）调温　在头 3 天，通过供暖设备，一定要使保温伞下的温度达到并保持在 33～35℃，因为温度每变化 1℃，到 8 周龄时，体重就会降低 20 克左右，若降低 1℃，会多耗料 50 克，造成饲料浪费。因此，要严格控制温度。

（4）通风　在能够保证鸡舍温度的情况下，应保持空气流畅。在中午可短时间开窗，但要防止贼风吹入。更不可让强风直吹鸡的头部。

（5）光照　雏鸡视力差，为便于认食饮水，在 1～3 天内昼夜光照，光照强度以鸡刚能看到饲料即可。也可采用 21 小时光照，2～3 小时黑暗，有节奏地开关和喂料，效果比较好。

2. 4～14 日龄

鸡的消化系统趋于健全，且生长快。要求饲喂营养丰富且易消化的全价饲料。

（1）采食与饮水　每天给料 7 次，每次给料量不宜过多，在鸡只同时采食的情况下，以半小时吃完为宜。此时应改变饲喂用具，将平盘或塑料布换成料槽或吊桶。饮水应充足、清洁，用具要每天清洗，数量要适当增加。

（2）温度　此阶段的鸡能自身产热，周围温度可降至 30～32℃，夜间比白天稍高些。

（3）通风　在保持温度的情况下，适当通风，每天开窗约半小时，使空气流通，但不能让强风直吹鸡身。

（4）光照　光照时间较前三天缩短，每天 20 小时即可。光照强度 2～3 瓦/米^2。

（5）免疫　7 日龄新城疫 IV 系－传支 H_{120} 二联苗免疫，可滴鼻点眼或饮水皆可。14 日龄法氏囊疫苗饮水免疫。

3. 15～28 日龄

（1）饲喂　开始逐渐过渡换料，每天饲喂 6 次，料量不宜过多，避免饲料浪费，保证充足、清洁的饮水。

（2）温度与通风　调节室内温度，保持在 28～29℃，加强通风换气。

（3）光照　此阶段对光照要求不甚严格，除白天自然光照外，夜间开灯 2 小时。

4. 29～42 日龄

（1）饲喂与饮水　每天饲喂 6 次，适当调整料槽或料桶高度，水槽及饮水器高度与鸡背平齐为度。

（2）温度　控制温度在 20～25℃之间。

（3）免疫　在 30 日龄进行新城疫 IV 系苗饮水二次免疫。

（4）注意更换垫料，注意预防球虫病。

5. 43 日龄至出栏

（1）饲喂与饮水　每天饲喂 6 次以上，适当增加饲喂次数可增加鸡的出栏体重，调整料桶与水槽高度至超过鸡背。

（2）温度　保持 21℃。

（3）通风　此时鸡日龄较大，密度大，代谢旺盛，换气量大，鸡舍内氨气等有害气体浓度增加，要注意加强通风换气，防止引发呼吸道疾病。

（4）光照　每天早晚各增加 2 小时光照。

（5）在鸡将出售时，预订下一批雏鸡，鸡只出售后，将鸡舍彻底清扫消毒，空舍 15 天，再进雏鸡。

（二）日常管理工作

1. 每天上午 7：30 更换脚踏消毒液。

2. 定期在下午 4：30 清除鸡粪，换新垫料。

3. 根据鸡舍小气候情况，随时调整通风量。

4. 每天仔细观察鸡群，至少上午、下午各一次。

5. 每天及时做好记录工作，每天上午 8 时记录死淘数、耗料量、温度、光照等。体重及成活率每周最后 1 天记录一次（随机取样 2％称重），做好免疫用药记录。

（三）弱残鸡处理

1. 每舍设立弱残鸡圈 1～2 个，其位置应远离饲料库，其大小应视弱残鸡数量多少而定，密度 8 只/米^2，并备有足量的饮水及喂料器具，不限饲不限水。

2. 每天应将弱残鸡挑入圈中，服药护理，对无治疗价值的鸡达到一定标准时，可以剔除。

（四）死鸡处理

1. 每舍应设死鸡桶或塑料袋等不渗漏容器，发现死鸡随时拣出，放入其中，严禁从窗口向外扔，严禁死、残鸡放血，防止污染环境，扩散疫源，传播疾病。

2. 对死残鸡妥善处理，如深埋、焚烧或煮沸后用作饲料、肥料等。对盛死残鸡的容器、场地要严格消毒。

八、提高快大型肉仔鸡经济效益的措施

（一）实行公母分群的饲养制度

1. 分群饲养的原因

公、母雏生理基础不同，因而对生活环境、营养条件的要求和反应也不同。主要表现为：

（1）生长速度不同　4 周龄时公鸡比母鸡体重大 13％，6 周龄时大 20％，8 周龄时大 27％。

（2）沉积脂肪的能力不同　母鸡比公鸡易沉积脂肪，反映出对饲料要求不同。

（3）羽毛生长速度不同　公鸡长羽慢，母鸡长羽快；表现出胸囊肿的严重程度不同，对湿度的要求也不同。

2. 公母分群管理措施

公母分群后采取下列饲养管理措施

（1）分期出售　母鸡生长速度在 7 周龄后相对下降，而饲料消耗急剧增加，因此在 7 周末左右出售；公鸡生长速度在 9 周龄以后才下降，故应

到9周龄出售才合算。

（2）按公母调整日粮营养水平　公鸡能更有效地利用高蛋白日粮，前期日粮中蛋白可提高到24%～25%，母鸡则不能利用高蛋白日粮，而是将多余的蛋白质在体内转化为脂肪，很不经济；在饲料中添加赖氨酸后公鸡反应迅速，饲料效益明显提高，而母鸡则反应效果很小；喂金霉素可提高母鸡的饲料效率，而公鸡则没有反应。

（3）按公母提供适宜的环境条件　公鸡羽毛生长速度慢，前期需要稍高的温度，后期公鸡比母鸡怕热，温度宜稍低；公鸡体重大，胸囊肿比较严重，应给予更松软更厚些的垫草。

（二）按全进全出制安排生产

"全进全出"即同一栋鸡舍装满同一日龄的雏鸡，又在出售时同一天全部出场。以便于采用统一的温度，同标准的饲料，出场后统一打扫清洗消毒，切断病源的循环感染。熏蒸消毒后封闭一周再接养下一批雏鸡。全进全出制比连续生产制增重快，耗料少，死亡率低。

在肉仔鸡生产中，按全进全出制的要求安排全年生产，应注意以下几个方面：一要制订出全年生产与周转计划，消毒空舍时间不少于10～15天，以保证下一批鸡饲养期的安全性；二要有充足的雏鸡来源，能满足一次性大批量雏鸡入舍的数量，需要与相当规模的种鸡场和孵化场相配套；三是肉仔鸡育雏时间集中，要有足够的房舍、设备和饲养管理人员，才能取得预期的效果。另外，鸡场实行全进全出制生产时，有全场、生产小区和每栋鸡舍三种全进全出形式，以全场全进全出为好，如不便于生产安排或公母分饲不能统一出栏时，可采用后面两种形式，并加强不同鸡舍之间的隔离和严格消毒。

（三）保证足够的采食量

日粮的营养水平高，但若采食量上不去，吃不够，则肉鸡的饲养同样得不到好的效果。保证采食量的常用措施有：

1. 保证足够的采食位置，保证充足的采食时间；

2. 高温季节采取有效的降温措施，加强夜间饲喂，必要时采用凉水拌料；

3. 检查饲料品质，控制适口性差的饲料的配合比例；

4. 采用颗粒饲料；

5. 在饲料中添加香味剂。

（四）适当的密度

鸡的饲养密度是指在一定的面积内饲养肉鸡的数量，一般用每平方米饲养鸡的数量来表示密度，不是越密越好，肉用仔鸡的饲养密度控制依鸡的日龄、体重、管理方式、通风条件和气温有所不同。板条或网上平养可比垫料平养的密度增加 20%；同样面积的鸡舍，冬天比夏天饲养要大一些；如使用环境控制鸡舍，饲养密度可达到 30～33 千克/米²，而在开放式自然通风鸡舍鸡群的饲养密度不宜超过 20～22 千克/米²。确定每平方米饲养鸡数有两种方法，一是依活体重确定每平方米饲养只数，体重大占地面积也大，饲养密度应减少。二是随日龄增大降低饲养密度。

肉仔鸡在同一鸡舍内饲养时采用逐步扩散的办法，即育雏时只用 1/3 的面积为育雏间，3 周龄前集中保温；3 周后撤除隔离装置，沿鸡舍纵向扩大饲养面积；5 周后填满全舍。

九、影响肉鸡生产的几个问题

（一）胸囊肿

胸囊肿是肉鸡胸部皮下发生的局部炎症，是肉仔鸡常见的疾病。它不传染也不影响生长，但影响屠体的商品价值和等级。应该针对产生原因采取有效措施：

1. 尽力使垫草干燥、松软，及时更换黏结、潮湿的垫草，保持垫草应有的厚度。

2. 减少肉仔鸡卧地的时间，肉仔鸡一天当中有 68%～72% 的时间处于卧伏状态，卧伏时体重的 60% 左右由胸部支撑，胸部受压时间长，压力大，胸部羽毛又长得晚，故易造成胸囊肿。应采取少喂多餐的办法，促使鸡站起来吃食活动。

3. 若采用铁网平养或笼养时，应加一层弹性塑料网。

（二）腿部疾病

随着肉仔鸡生产性能的提高，腿部疾病的严重程度也在增加。引起腿病的原因是各种各样的，归纳起来有以下几类：遗传性腿病，如胫骨软骨发育异常，脊椎滑脱症等；感染性腿病，如化脓性关节炎、鸡脑脊髓炎、病毒性腱鞘炎等；营养性腿病，如脱腱症、软骨症、维生素 B_2 缺乏症等；感染性腿病，如风湿性和外伤性腿病。预防肉仔鸡腿病，应采取以下措施：

1. 完善防疫保健措施，杜绝感染性腿病。

2. 确保微量元素及维生素的合理供给，避免因缺乏钙、磷而引起的软脚病，避免因缺乏锰、锌、胆碱、尼克酸、叶酸、生物素、维生素 B_6 等所引起的脱腱症，避免因缺乏维生素 B_2 而引起的卷趾病。

3. 加强管理，确保肉仔鸡合理的生活环境，避免因垫草湿度过大、脱温过早以及抓鸡不当而造成的脚病。

（三）腹水症

腹水症是一种非传染性疾病，其发生与缺氧、缺硒及某些药物的长期使用有关。控制肉鸡腹水症发生的措施：

1. 改善环境通气条件，特别是密度大的情况下，应充分注意鸡舍的通风换气。

2. 防止饲料中缺硒和维生素 E。

3. 饲料中呋喃唑酮药不能长期使用。

4. 发现轻度腹水症时，应在饲料中补加维生素 C，用量是 0.05%。同时对环境和饲料做全面检查，采取相应措施控制腹水症的发展。8～18 日龄只喂给正常饲料量的 80% 左右可防止腹水症的发生。

（四）猝死症

猝死症症状是一些增重快、体大、外观正常健康的鸡突然狂叫，仰卧倒地死亡，剖检时肺肿，心脏扩大，胆囊缩小，原因不详。控制肉鸡猝死症发生的措施：

1. 在饲粮中适量添加电解多维。

2. 加强通风换气，防止密度过大。

3. 3 周以前喂粉料，以后喂颗粒料，或在 8～20 日龄进行限制饲养。

4. 避免突然的应激。

第二节　优质肉鸡饲养管理操作流程

一、优质肉鸡的生产特点

与快大型肉用仔鸡相比，优质肉鸡的生产特点概括起来主要有以下 6 个方面：

1. 品种来源为我国的优良地方良种鸡　快大型商品肉用仔鸡是通过专门化品系配套杂交产生的，优质肉鸡则来源于我国优良的地方品种鸡，其血统较为纯正。除符合一般"三黄鸡"的特征外，还具有体形较为紧凑、脚高且细、羽色鲜艳、尾羽高翘等独特的体貌特征。

2. 生长发育较为缓慢，生产周期长　大多数优质肉鸡需饲养至 3～4 月龄，体重达 1.2～1.5 千克方可上市。在正常的饲养管理条件下，每年饲养 3 批左右。

3. 优质肉鸡食性较广，且有其独特的饲喂制度和方法　肉用仔鸡一般采取全程饲喂全价配合饲料，自由采食，以促进其快速生长发育。优质肉鸡除育雏期给予较多的配合饲料外，放养阶段（2～4 月龄）则主要以虫、草、谷等为主，配合饲料为辅的饲喂方法。在配合饲料的投放方面，也大多采取清晨少喂、中午不喂、晚间多喂的饲喂制度，以充分发挥优质肉鸡的觅食能力，节省饲料。

4. 优质肉鸡性情活泼，具有追啄性、好斗性的特点，易发生啄癖症　现代肉用仔鸡性情温驯，不善跳跃，适宜于大规模高密度饲养。优质肉鸡则性情活泼，追啄好斗，跳跃能力强。特别是在光线强烈、饲养密度大的集约化条件下更为明显，发生啄癖症的机会较多，给生产带来损失，这是优质肉鸡生产中极为常见的一个问题。

5. 优质肉鸡有其独特的发病机制和特点　如鸡马立克病，通常以 2～4 月龄发病率最高，多发于 40～60 日龄，快速型肉用仔鸡此时已达上市屠宰日龄，死亡率不高。而优质肉鸡由于生产周期较长，马立克病的发生较为多见，常需进行两次免疫；优质肉鸡由于长期户外活动，且采食较多的虫、草，因而其呼吸道疾病发生较少，而寄生虫病发生较多。此外，由于优质肉鸡多采用厚垫料育雏方式，球虫病多发，防治费用较高。

6. 优质肉鸡肉质优良，风味浓郁，产品安全无污染　相对于生长快速的肉用仔鸡和普通杂交三黄鸡而言，优质肉鸡以肌肉嫩滑，肌纤维细小，肌间脂肪分布均匀，水分含量低，鸡味浓郁，风味独特，产品安全无污染而独具特色，深受市场的欢迎，价格是普通肉鸡的 2～3 倍。

二、优质肉鸡品种选择要点

随着养鸡业的不断发展及科学技术在养鸡业的运用，人们完全可以创造条件，适应鸡产肉、产蛋的生理要求而不受外界环境的影响，从这个意义上讲，鸡的品种选择对提高养鸡生产性能和经济效益显得极为重要。选择优质肉鸡品种时，应注意以下 4 个方面。

1. 选择质量好、信誉度高的种鸡场购雏鸡　优质肉鸡饲养效益与所养鸡的品种有密切关系。如果鸡的品种不纯正，整齐度就差（即鸡只大小不均匀），很难取得高产。所以，从信誉度高、质量好、无传染病的正规孵化场选择适合当地自然条件的、品种纯正、优质、健康、生长快、产肉或产蛋率高的鸡苗，是养好优质肉鸡的基础。

2. 选择销路好的品种饲养　首先要根据当地的需求情况，如消费者对优质肉鸡羽毛色泽、肤色、体重大小、肉质等的喜爱倾向及在市场上的价格差别，选择销路广、产品价格高的品种进行饲养。一旦选养了某一优良品种，只要市场需求不变，就不要频繁更换，这是养鸡具有销路和效益的重要前提。

3. 了解种鸡场销售的鸡苗在当地饲养情况的反映　由于各鸡场种鸡饲养管理和孵化技术及疫病防治措施不同，可导致不同种鸡场孵出鸡苗的生产性能存在显著的条件性差异。如有些种鸡场生产的雏鸡明显存在成活率低、发病率高、免疫效果差等现象。所以，养鸡者要坚决克服不讲质量抢购廉价雏鸡苗的倾向。在引雏前一定要了解种鸡场以往的声誉，特别是雏鸡成活率和雌雄鉴别准确率、生产水平以及经种蛋可垂直感染的几种疾病控制情况，不能图价格低而从疫区购雏。

4. 在选择品种时，目的要明确，不可盲目引种　在一个鸡场不宜同时饲养多个优质肉鸡品种，一般只能饲养1~2个品种，最好只养同一种鸡场引进的同一个品种。

三、优质肉鸡的饲料

（一）优质肉鸡的饲养标准

根据我国的饲养实践，农业农村部在1985年底正式公布了中国家禽饲养标准，现将其中有关地方品种鸡饲养标准见表4-6、地方品种鸡体重及耗料量见表4-7，供优质肉鸡生产者参考。另外，根据生产实践经验，推荐优质肉鸡饲养标准见表4-8。

表4-6　地方品种鸡饲养标准

周　龄（周）		0~5	6~11	12以上
代谢能	兆焦/千克	11.72	12.13	12.55
	兆卡/千克	2.80	2.90	3.00
粗蛋白（%）		20.0	18.0	16.0
蛋白能量比	克/兆焦	17	15	13
	克/兆卡	71	62	53

表4-7　地方品种鸡体重及耗料量表

周　龄（周）	周末体重（克/只）	每周耗料量（克/只）	累计耗料量（克/只）
1	63	42	42
2	102	84	126
3	153	133	259
4	215	182	441
5	293	252	693
6	375	301	994
7	463	336	1330
8	556	371	1701
9	654	399	2100
10	756	420	2520
11	860	434	2954
12	968	455	3409
13	1063	497	3906
14	1159	511	4417
15	1257	525	4942

表4-8　优质肉鸡饲养标准

项目	周　龄（周）			产蛋50%以下	产蛋50%以上
	0～9	10～20	21～28		
代谢能（兆焦/千克）	11.92	11.72	11.30	11.50	11.50
粗蛋白（%）	18	16	12	14	15
蛋氨酸（%）	0.30	0.27	0.20	0.30	0.35
蛋+胱氨酸（%）	0.60	0.53	0.40	0.55	0.63
赖氨酸（%）	0.85	0.64	0.45	0.65	0.70
粗纤维（%）	3.5	4.0	6.0	4.5	4.0
钙（%）	0.80	0.70	0.60	3.0	3.2

续表

项目	周 龄（周）			产蛋 50%以下	产蛋 50%以上
	0～9	10～20	21～28		
有效磷（%）	0.40	0.35	0.30	0.32	0.32
食盐（%）	0.37	0.37	0.37	0.37	0.37

（二）日粮配制

优质肉鸡的日粮配制是按照优质肉鸡饲养标准的规定，选用适当的饲料配合成日粮，使这种由多种饲料搭配成的日粮所含营养物质的数量符合饲养标准的规定量，其目的是以最少的饲料消耗、最低的饲料成本，获得量多质好、经济效益最高的肉鸡产品。表 4-9 是优质肉鸡饲养各阶段的实用日粮配方，供参考。

表 4-9　优质肉鸡饲养各阶段的实用日粮配方表

饲料原料（%）	育雏期（0～4 周龄）	生长期（5～8 周龄）	育肥期（9 周龄至上市）
玉米	55.5	58.5	61.5
四号粉（次粉）	7.0	10.0	10.0
麸皮	3.0	3.0	4.5
豆粕	21.0	17.0	11.0
鱼粉	3.0	2.0	1.0
玉米蛋白粉	5.0	4.0	4.0
酵母粉	2.0	2.0	2.5
菜粕	—	—	2.0
磷酸氢钙	1.2	1.2	1.2
石粉	1.0	1.0	1.0
食盐	0.3	0.3	0.3
预混料	1.0	1.0	1.0
营养成分			
代谢能（兆焦/千克）	11.83	11.94	12.25
粗蛋白（%）	19.5	17.4	16.3

四、优质肉鸡的饲养管理

优质肉鸡的养育可分为育雏期（小鸡，0～4 周龄）、生长期（中鸡，5～8周龄）和育肥期（大鸡，9 周龄至上市）3 个阶段。

（一）雏鸡的培育

雏鸡是指 0～4 周龄的小鸡，此阶段的小鸡对环境适应能力差，抗病力弱，稍有不当容易生病死亡。因此，在雏鸡培育阶段需要给予细心的照料，进行科学的饲养管理，才能获得良好的效果。优质肉鸡和普通商品肉鸡在育雏阶段的饲养管理相差不大，不再重复。

（二）生长期的饲养管理

优质肉鸡生长期一般指 5～8 周龄。此时育雏已结束，鸡体增大，羽毛渐趋丰满，鸡只已能适应外界环境温度的变化，是生长高峰时期，也是骨架和内脏生长发育的主要阶段，其间采食量将不断增加。这个时期要使优质肉鸡的机体得到充分的发育，羽毛丰满，健壮。优质肉鸡生长期的饲养管理与育雏期有相似之处，但由于其本身的特点，生产上应着重做好以下几方面工作。

1. 调整饲料营养　根据优质肉鸡不同生长发育阶段的营养需要特点，及时更换相应饲养期的饲料是加速其生长发育的重要手段。中鸡阶段发育快，长肉多，日采食量增加，获取的蛋白质营养较多，应专门配制相应的饲料，促进生长。

2. 公母分群饲养　由于公母鸡的生理基础不同，它们对生活条件的要求和反应也不一样。一般公鸡羽毛长得较慢，易受环境的影响，争斗性也强，同时对蛋白质及其中的赖氨酸等的利用率较高，因而增重快，饲料效率高。此外，公鸡个大体壮，竞食能力强。而母鸡由于内分泌激素方面的差异，沉积脂肪能力强，因而增重慢，饲料效率差。公母混群饲养时，公母体重相差可达 300～500 克。分群饲养一般只差 125～250 克。因此，公母分养，不仅可有效地防止啄癖，减少损失，且能使各自在适当的日龄上市，便于实行适宜于不同性别的饲养管理制度，有利于提高增重、饲料效率和整齐度，以及降低残次品率。对于未能在出雏时鉴别雌雄的优质肉鸡品种，目前养鸡户多在中鸡 50～60 日龄，外观性别区分较为明显时进行公母分群饲养。

3. 防止饲料浪费　中鸡的生长较为迅速，体形骨骼生长快，又由于鸡有挑食的习性，因此很容易把饲料槽中的饲料撒到槽外，造成污染和浪费。为了避免饲料的浪费，一方面随着鸡的生长而更换喂料器，即由小鸡食槽换为中鸡食槽；另一方面应随着鸡只的增长，升高喂料槽的高度，以保持喂料槽与鸡的背部等高为宜。

4. 防止产生恶癖　我国绝大多数优质肉鸡对外界环境应激表现比国外引进肉鸡明显，如饲养密度过大，室内光线过强，饲料中缺乏某些氨基酸或其比例不平衡及某种微量元素缺乏等都会造成啄羽、啄趾、啄肛等恶癖，生产者应严加预防。防治恶癖要找出原因，对症下药。发生恶癖时一般降低光照强度，只让鸡看到吃食和饮水，并改善通风条件。断喙是防止发生恶癖的有效措施，常在雏鸡 10 日龄左右，用断喙器进行断喙。

5. 供给充足、卫生的饮水　生长期的鸡只采食量大，如果日常得不到充足的饮水，就会降低食欲，造成增重减慢。通常肉鸡的饮水量为采食量的 2 倍，一般以自由饮水、24 小时不断水为宜。为使所有鸡只都能充分饮水，饮水器的数量要充足且分布均匀，不可把饮水器放在角落，要使鸡只在 1～2 米的活动范围内便能饮到水。

水质的清洁卫生对鸡的健康影响很大。应供给洁净、无色、无异味、不混浊、无污染的饮水，通常使用自来水或井水。每天加水时，应将饮水器彻底清洗。对饮水器消毒时，可定期加入 0.01% 的百毒杀溶液。这样既可以杀死致病微生物，又可改善水质，促进鸡只的健康。但鸡群在饮水免疫时，前后 3 天禁止在饮水中加消毒剂。

6. 做好舍外放牧饲养工作，加强户外运动，逐渐增加草、虫、谷等的采食量　这是优质肉鸡饲养方式与肉用仔鸡工厂化密闭式饲养的最大区别。优质肉鸡放牧饲养，就是把生长鸡放到舍外去养。凡有果树、竹林、茶园、树林和山坡的地方都可以用来放牧优质肉鸡，开展生态型综合立体养殖。放牧的好处很多，可以使鸡得到充足的阳光、运动，以及杂草、虫子、谷物、矿物质等多种丰富的食料，促进鸡群生长发育，增强体质。放牧既省饲料，又省人力和鸡舍。

放牧以前，首先要停止人工给温，使鸡群适应外界气温。其次要求所有的鸡晚上都能上栖架。此外，还要训练鸡群听到响音时就能聚集起来吃料。采用放牧法饲养，鸡舍要求简易、严密而又轻便，也要能防兽害。鸡舍一般要求用铁丝或木条做成。按每平方米容纳 20～30 只设置，由于鸡的密度大，要求周围通风。

从鸡舍转移到放牧地，或从一个放牧地转移到另一个放牧地，都要在夜间进行。第二天要迟些放鸡，使其认窝，食槽和饮水盆应放在门口使其熟悉环境。头5天仍按舍饲时的饲料量饲喂，以后早晨少喂，晚上喂饱，中午基本不喂。

　　夏季气候多变，常有暴风雨，要注意天气预报，避免遭受意外损失。晚上要关门窗，以防兽害。在果林放牧，当果树打农药时，要注意风向，为避免鸡吃死虫，以隔离饲养几天为好。

　　目前在我国南方大部分地区，种鸡场与部分有技术和场地的专业户负责育雏和接种各种疫苗，小鸡脱温后再卖给优质肉鸡养殖户。保温育雏的农户，每批养几千只，1个多月后出售，每只可赚0.50~1.00元。脱温后的雏鸡，搬到山坡上或果林园里，或旱作地里放牧饲养，把养鸡和林果生产结合在一起。具体做法是：在山坡或果林园里搭盖简易棚舍，购进脱温的鸡苗，平时鸡群活动于果树林下，啄吃虫类和杂草，定时喂料，终日供水，在晚上或遇到刮风下雨时，便把鸡群赶回棚舍。牧地空气新鲜，阳光充足，鸡群自由出入。鸡的运动量大，所以体质健壮，羽毛光亮，肌肉结实，肉味鲜浓，非常畅销，每只优质肉鸡可赚3~5元。鸡粪自然成为林果的肥料，果树长势良好。若果树苗太幼嫩，则不宜放牧养鸡，避免伤害树苗。还有一种放牧方式是：在山坡下挖鱼塘，鱼塘基上建棚舍，放牧养鸡。鸡粪流入塘中喂鱼，鸡、鱼结合，经济效益较好。

　　（三）育肥期的饲养管理

　　优质肉鸡的育肥期是指9周龄至上市阶段。此期的饲养管理要点在于促进肌肉更多地附着于骨骼及体内脂肪的沉积，增加鸡的肥度，改善肉质和皮肤、羽毛的光泽，做到适时安全上市。在饲养管理方面应着重做好以下工作。

　　1. 鸡群健康观察　进入大鸡后，优质肉鸡处于旺盛的生长发育阶段，稍有疏忽，就会产生严重影响。这就要求饲养人员不仅要严格执行卫生防疫制度和操作规程，按规定做好每项工作，而且必须在饲养管理过程中，经常细心地观察鸡群的健康状况，做到及早发现问题，及时采取措施，提高饲养效果。

　　对鸡群的观察主要注意下列4个方面：

　　（1）每天进入鸡舍时，要注意检查鸡粪是否正常。正常粪便应为软硬适中的堆状或条状物，上面覆有少量的白色尿酸盐沉淀。粪便的颜色有时会随所吃的饲料有所不同，多呈不太鲜艳的色泽（如灰绿色或黄褐色）。粪便过于干硬，表明饮水不足或饲料不当；粪便过稀，是食入水分过多或消化不良的表现。淡黄色泡沫状粪便大部分是由肠炎引起的；白色下痢多为白痢病或传染性法氏囊病的征兆；深红色血便，则是球虫病的特征；绿色下痢，则多见于重病末期（如新城疫等）。总之，发现粪便不正常应及时请兽医诊断，以便尽快采取有效防治措施。

（2）每次饲喂时，要注意观察鸡群中有无病弱个体。一般情况下，病弱鸡常蜷缩于某一角落，喂料时不抢食，行动迟缓。病情较重时，常呆立不动，精神不佳，两眼闭合，低头缩颈，翅膀下垂。一旦发现病弱个体，就应剔出隔离治疗，病情严重者应立即淘汰。

（3）晚上应到鸡舍内细听有无不正常呼吸声，包括甩鼻（打喷嚏）、呼噜声等。如有这些情况，则表明已有病情发生，需做进一步的详细检查。

（4）每天计算鸡只的采食量，因为采食量是反映健康状况的重要标志之一。如果当天的采食量比前一天略有增加，说明情况正常；如有减少或连续几天不增加，则说明存在问题，需及时查看是鸡只发生疾病，还是饲料有问题。

此外，还应注意观察有无啄肛、啄羽等恶癖发生。一旦发现，必须马上剔出受啄的鸡，分开饲养，并采取有效措施防止蔓延。

2. 加强垫料管理　保持垫料干燥、松软是地面平养中大鸡管理的重要一环。潮湿、板结的垫料常常会使鸡只腹部受冷，并引起各种病菌和球虫的繁殖滋生，使鸡群发病。要使垫料经常保持干燥必须做到：

（1）通风必须充足，以带走大量水分。

（2）饮水器的高度和水位要适宜。使用自动饮水器时，饮水器底部应高于鸡背2～3厘米，水位以鸡能喝到水为宜。

（3）带鸡消毒时，不可喷雾过多或雾粒太大。

（4）定期翻动或除去潮湿、板结的垫料，补充清洁、干燥的垫料，保持垫料厚度7～10厘米。

3. 带鸡消毒　事实证明，带鸡消毒工作的开展对维持良好生产性能有很好的作用。一般2～3周龄便可开始，大鸡阶段春秋季可每三天1次，夏季每天1次，冬季每周1次。使用0.5%的百毒杀溶液喷雾。喷雾应距鸡只80～100厘米处向前上方喷雾，让雾粒自由落下，不能使鸡身和地面垫料过湿。

4. 及时分群　随着鸡只日龄的增长，要及时进行分群，以调整饲养密度。密度过高，易造成垫料潮湿，争抢采食和打斗，抑制育肥。优质肉鸡育肥期的饲养密度一般为10～13只/米^2，在饲养面积许可时，密度宁小勿大。在调整密度时，还应进行大小、强弱分群，同时还应及时更换或添加食槽。

5. 减少应激　应激是指一切异常的环境刺激所引起的机体紧张状态，主要是由管理不良和环境不利造成的。

管理不良因素包括转群、测重、疫苗接种、更换饲料和饮水不足、断喙等。

环境不利因素有噪声，舍内有害气体含量过多，温、湿度过高或过低，垫料潮湿过脏，鸡舍及气候变化，饲养人员变更等。

根据分析，以上不利因素在生产中要加以克服，改善鸡舍条件，加强饲养管理，使鸡舍小气候保持良好状况。提高饲养人员的整体素质，制定一套完善合理、适合本场实际的管理制度，并严格执行。同时应用药物进行预防，如遇有不利因素影响时，可将饲粮中多种维生素含量增加 10%～50%，同时加入土霉素、杆菌肽等。

6. 搞好卫生防疫工作

（1）人员消毒　非鸡场工作人员不得进入鸡场；非饲养区工作人员不经场长批准不得进出饲养区；进出饲养区必须彻底消毒；饲养等操作人员进鸡舍前必须认真做好手、脚消毒。

（2）鸡舍消毒　饲养鸡舍每周带鸡用消毒药水喷雾 1～2 次。

（3）病死鸡及鸡粪处理　病死鸡必须用专用器皿存放，经剖检后集中焚烧。原则上优质肉鸡饲养结束后一次清粪。

7. 认真做好日常记录　记录是优质肉鸡饲养管理的一项重要工作。及时、准确地记录鸡群变动、饲料消耗、免疫及投药情况、收支情况，为总结饲养经验、分析饲养效益积累资料。

8. 正确抓鸡、运鸡，减少外伤　优质肉鸡活鸡等级下降的一个重要原因是创伤，而且这些创伤多数是在出售鸡时抓鸡、装笼、装卸车和挂鸡过程中发生的。为减少外伤出现，优质肉鸡大鸡出栏时应注意以下 8 个问题：

（1）在抓鸡之前组织好人员，并讲清抓鸡、装笼、装卸车等有关注意事项，使他们胸中有数。

（2）对鸡笼要经常检修，鸡笼不能有尖锐棱角，笼口要平滑，没有修好的鸡笼不能使用。

（3）在抓鸡之前，把一些养鸡设备如饮水器、饲槽或料桶等拿到舍外，注意关闭供水系统。

（4）关闭大多数电灯，使舍内光线变暗，在抓鸡过程中要启动风机。

（5）用隔板把舍内鸡隔成几群，防止鸡挤堆窒息，方便抓鸡。

（6）抓鸡时间最好安排在凌晨进行，这时鸡群不太活跃，而且气候比较凉爽，尤其是夏季高温季节。

（7）抓鸡时要抓鸡腿，不要抓鸡翅膀和其他部位，每只手抓 3~4 只鸡，不宜过多。入笼时要十分小心，鸡要装正，头朝上，避免扔鸡、踢鸡等动作。每个笼装鸡数量不宜过多，尤其是夏季，防止闷死、压死。

（8）装车时注意不要压着鸡头部和爪等，冬季运输上层和前面要用毡布盖上，夏季运输途中尽量不停车。

9. 适时出栏　根据目前优质商品肉鸡的生产特点，公母分饲一般母鸡 120 日龄出售，公鸡 90 日龄出售。临近卖鸡的前 1 周，要掌握市场行情，抓住有利时机，集中一天将同一房舍内活鸡出售，切不可零卖。此外注意，上市前 1~2 周，优质肉鸡尽量不用药物，以防残留，确保产品安全。

五、优质肉鸡放养技术

（一）放养方式

1. 果园放养　利用林果地进行配套散养土鸡的模式，起到了种植、养殖和谐发展的良好效果，达到了"双赢"。一方面，鸡粪可以做果树、林木的肥料，为树木提供有机肥，同时鸡可啄食害虫，促进果树生长；另一方面，树木又为鸡群创造了适宜的生长环境，种养结合形成生物链，实现了很好的综合效益。一般每亩果园养鸡以 100 只左右为宜。

2. 茶园放养　茶树体矮，荫蔽性好，有利于鸡群栖息和捕食，茶毛虫、茶刺蛾、细蛾、谷蛾、网蝽等多种害虫都是鸡群的好饲料，还能有效控制茶园内杂草；鸡粪可对茶园进行土壤改良，提高地力。"茶园养鸡、以鸡育茶、鸡茶共生"是种养生态新模式。放养鸡群的茶园还可降低农药用量近 80%，节省鸡饲料 50% 以上。此外，捕食害虫的鸡长势快、肉质好、产蛋量高，鸡瘟、禽霍乱等家禽传染病极少发生。茶园养鸡是生产有机茶的有效技术措施。

3. 山地放养　山地养鸡就是在山坡上搭棚建舍，将鸡放养于林地中。山地养鸡有明显的自身优势：因放养于树林带下，觅食草虫，减少饲料投入，降低成本；空气清新，多晒太阳，运动充足，增强体质，提高抗病力；减少污染，使资源循环利用；鸡肉质结实，品质鲜美细嫩，带有土鸡风味，市场销路好，价格高，经济效益好。

4. 竹林放养　竹林鸡基本不喂人工饲料，竹林山坡现成的虫草野果和山泉水就是肉鸡成长的全部粮食，吃野食长大的肉鸡自然有野鸡一样的羽毛和肉质。鸡在竹林最喜欢吃的就是竹蝗、青虫、蚯蚓，还有杂草。消灭了竹蝗，虫子被鸡吃光了，还有鸡粪当肥料，竹林长势更好、经济效益更高。

（二）放养场地要求

1. 放养场地面积适宜，通风，干燥，遮阳，不积水。

2. 搭好栖架，可让鸡休息。

3. 场地可用铁丝网或竹片分隔，便于分群饲养或轮换放养。

（三）放养注意事项

1. 注意气候变化：下雨天、大风天、场地积水等不宜放养。

2. 夏季放养：一般从 25 日龄左右即可放养，直到上市为止。

3. 冬季放养：40 日龄后的中鸡才可以室外放养，室外放养要选择晴天中午进行。

4. 注意时间：鸡刚放养时，时间不宜过长，以后可以慢慢延长放养时间。

5. 注意轮换放养：利于放养场地的植物生长。

6. 果树施农药时，不要放养。

7. 注意天敌的防御和消除，如老鼠、黄鼠狼等。

六、优质肉鸡的品质鉴定

（一）优质肉鸡上市参考标准

我国优质肉鸡品种多样，在生产性能、肉质、风味等方面也互有差异。目前我国优质肉鸡尚无统一的国家级标准，各地可根据市场需求，制定自己的企业标准进行试用。以下是优质商品肉鸡活鸡上市参考标准：饲养天数 90～120 天，活重 1300～1500 克，料肉比约 3.2∶1，饲养成活率 98% 以上，商品率 95% 以上，半净膛屠宰率（即去内脏保留可食部分，另保留头、颈、脚）5% 左右。

（二）优质肉鸡活鸡的质量标准和分级

为保障人、畜安全，上市销售的优质肉鸡必须健康无病，符合国家颁发的有关法律和肉食品卫生要求。因此，经销活鸡的单位或个人都应正确掌握活鸡的检验方法、质量标准及其分级，以提高经营素质，增加收益。

1. 检验方法　对成群的活鸡一般是先大群观察，再逐只检查。检查通常采用看、触、听、嗅四种方法。

（1）大群观察 首先，全面观察鸡群精神状况，看有无缩颈、垂翅、羽毛蓬乱和孤立闭目等情况，冠的色泽有无发紫发黑。其次，看呼吸是否困难或急促，有无"咕咕"或"嘎嘎"的叫声。

（2）逐只检查方法和步骤

①观察头部 左手抓住鸡的两翅，先看头部、口腔、鼻孔；再仔细观察冠、眼，口腔、鼻孔内有无异常。

②触摸嗉囊 先用右手触摸，看有无积食，挤压有无气体或积水；然后倒提看有无液体流出。

③观察触摸胸腹部 拨开胸腹部绒毛，看皮肤有无创伤、发红、硬块，然后触摸胸骨两边，看胸肌的肥瘦程度。

④检查肛门 看肛门周围绒毛有无绿白色稀粪或石灰样粪便附着；拨开肛门绒毛，看肛门张缩情况和色泽。

⑤听呼吸 将鸡提到耳边，轻拍鸡体，听有无异常的呼吸音。

通过上述检查，将发现的病鸡和可疑病鸡迅速予以剔除或急宰处理。

2. 质量标准和分级 一般健康鸡在外貌特征上表现冠和肉髯色泽鲜红，质地柔软，眼睛圆大有神，眼球灵活、明亮，嘴喙紧闭、干燥，嗉囊无气体，肛门附近绒毛洁净、干燥，肛门湿润微红，胸肌丰满、有弹性，活泼好动，矫健有力，体温正常，勤于觅食，粪便软硬适度。

内销规格等级大致分为：一级鸡胸肌十分丰满，背部平宽，腹部脂肪厚实，翅下肋骨附近肌肉突起；二级鸡胸肌丰满，脊部及尾部肌肉发达，腹部脂肪较厚；三级鸡胸骨稍可摸出，脊部比较丰满，稍有脂肪。

出口肉鸡的质量要求：饲养期在 90 天以内，不分公母，母鸡未下蛋，公鸡未开叫，鸡冠较浅，毛重在 1.25～2 千克，肌肉丰满，胸肌中部角度在 60°以上，有适当皮下脂肪。最好为三黄鸡（黄羽、黄喙、黄脚）或红毛鸡，并为符合国家卫生规定的健康鸡。凡不符合重量要求，超过规定日龄，外貌有三黑（黑羽、黑脚、黑喙），有慢性病，胸骨尖部发硬，或严重骨折创伤、溃烂的均不能作为活鸡出口。

我国目前出口肉仔鸡的分级如下（供参考）：一级鸡胸肌厚实，胸肌中部角度在 60°以上，胸骨尖部发软并能弯曲，体表无伤、无炎症和红斑；二级鸡胸肌发育较差，胸肌中部角度不低于 50°，胸骨尖部软并能弯曲，允许胸骨略弯曲。

（三）优质肉鸡光鸡的质量标准和分级

1. 检验方法 经屠宰加工后的光鸡（即屠体）在上市销售或加工前必

先经过质量检验，把病鸡剔出来，以防病鸡肉和变质肉流入市场，影响人、禽健康。通常光鸡的检验采用下列 3 种方法同时进行。

（1）肉眼观察 观察肉体和内脏有无异常，如皮肤、肌肉、脂肪、骨骼和各种器官的色泽、形状、光洁程度等。

（2）手指触摸 用手指触摸肌肉与内脏的硬度、弹性及有无结节等情况。

（3）嗅觉检验 用嗅觉检验肉质有无酸霉腐败变味或药物气味。嗅检时，可取小块鸡肉，放在装有清水的烧杯或试管中加盖煮沸后揭开，嗅其气味，判别肉质有无腐败变味；也可用削尖的木针从翅下插入胸膛，而后拔出嗅味，进行判别。

检验的程序和内容：根据国家卫生标准，首先应检查鸡体新鲜度；其次观察鸡体表面的完整度和清洁度，判定屠宰加工过程是否符合卫生操作要求；最后检查体腔内有无肿瘤、寄生虫、传染病变存在。对半净膛鸡的体腔可用扩张器撑开泄殖腔，以手电筒照射，看有无血块、粪便、断肠和破碎胆囊等物，并观察脏器和胸膛腹壁的色泽有无异常。

凡检出的变质有病光鸡，均应按规定剔除处理，不能作食用出售。

2. 质量标准 根据国家规定的食品卫生标准，鲜鸡肉（即指鸡宰杀加工，经兽医卫生检验符合市场鲜销而未经冷冻加工的鸡肉）卫生标准感官指标见表 4 - 10，鲜鸡肉卫生标准理化指标见表 4 - 11。

表 4 - 10 鲜鸡肉卫生标准感官指标表

类别	新鲜肉	次鲜肉	变质肉（不得供食用）
眼球	眼球饱满	眼球皱缩凹陷，晶体稍浑浊	眼球干缩凹陷，晶体浑浊
色泽	皮肤有光泽，因品种不同呈淡黄、淡红、灰白、灰黑等色，肌肉切面发光	皮肤色泽较暗，肌肉切面有光泽	体表有光泽，头颈部常带暗褐色
黏度	外表微干或稍微湿润、不黏手	外表干燥或黏手，新切面湿润	外表干燥或黏手，新切面发黏
弹性	指压后的凹陷立即恢复	指压后的凹陷恢复慢，且不能完全恢复	指压后的凹陷不能恢复，留有明显痕迹

续表

类别	新鲜肉	次鲜肉	变质肉 （不得供食用）
气味	具有鲜鸡肉正常的气味	无其他异味，唯腹腔内有轻度不快味	体表或腹腔均有不快味或臭味
肉汤	透明澄清，脂肪团聚于表面，具有特殊香味	稍有浑浊，脂肪呈小滴浮于表面，香味差或无鲜味	浑浊，有白色或黄色絮状物，脂肪极少浮于表面，有腥臭味

表 4-11　鲜鸡肉卫生标准理化指标表

项目	指标		
	新鲜肉	次鲜肉	变质肉 （不得供食用）
挥发性盐基氮， （毫克/100 克）	小于 15	15～25	大于 25
汞（以 Hg 计）， （毫克/千克）	不得超过 0.05	不得超过 0.05	不得超过 0.05
六六六，（毫克/千克 ）	不得超过 0.5	不得超过 0.5	不得超过 0.5
滴滴涕，（毫克/千克）	不得超过 0.5	不得超过 0.5	不得超过 0.5

3. 规格等级　光鸡要求皮肤洁净，无羽毛和血管毛，无擦伤、破皮、污点和溢血。它的规格等级划分，通常是把肥度和重量相结合，而以肥度为主。一级品，肌肉发育良好，胸骨尖不显著，胸角大于 60°，体表皮下脂肪层均匀适度，尾部肥满；二级品，肌肉发育完整，胸骨尖稍显著，胸角大于 50°，体表皮下有脂肪层；三级品，肌肉不很发达，胸骨尖显著，胸角大于 50°，尾部有脂肪层。至于以重量为主划分，则不同制品有不同标准。如半净膛光鸡，一级 1.1 千克，二级 0.6 千克；三级 0.6 千克以下。

（四）我国出口冻肉鸡的规格和分级标准

我国目前出口半净膛冻肉鸡规格为：去毛、头、爪、肠，留肺、肾，带翅，另将心、肝、肌胃及颈洗净，用塑料薄膜包裹后放入腹腔内。

分级标准如下：

特级　每只鸡净重不低于 1200 克；

大级　每只鸡净重不低于 1000 克；

中级　每只鸡净重不低于 800 克；

小级　每只鸡净重不低于 600 克；

小小级　每只鸡净重不低于 400 克。

（五）影响优质肉鸡鸡肉品质的因素

1. 鸡肉的风味受许多因素的影响，如饲料的种类，日粮中含有油饼和鱼粉，鸡肉会有不良气味；品种间的差异，即使在国内的优质肉鸡品种之间，肉的风味也有一定的差别，国外品种特别是肉用仔鸡味道淡，有腥味；鸡的年龄不同，风味也有区别，一般成年鸡肉的风味较雏鸡肉浓；另外，加工时的开膛、冷却、冷冻、冷藏、包装、加热、脱水和辐射等也影响肉的风味。在加工过程中，加热不当可导致过热味，在贮藏中由于微生物作用，使鸡肉变质。

2. 鸡肉的外观涉及屠体上的各种缺陷。在运输和加工过程中应避免皮肤擦伤、撕裂、脱落、关节脱位、骨骼损伤以及屠体充血水肿等。

3. 鸡肉保存性，主要是指在运输、加工、贮藏等过程中的影响。鸡肉易被微生物感染，因此，要严格控制鸡肉屠宰加工过程的环境卫生，采用电离辐射处理不影响鸡肉的品质，可杀死细菌起保鲜作用，在 -2℃ 条件下，可保留 4 周，密封包装在 -20℃ 条件下可保留一年。

4. 纯洁度受环境中化学物质的影响。许多化学药品不论作为鸡外用或在饲料和饮水中添加，都有可能在鸡肉中残留。因此，最好少用化学药品，特别是出场前 1 周最好不用。

5. 沙门菌病、传染性滑膜炎、鸡新城疫病毒等能传给人，应经过宰前宰后的卫生检疫，将这些病鸡屠体剔出。鸡肉加工和贮藏是影响鸡肉品质的重要环节之一，应通过各种微生物学检验法确定产品的卫生状况及新鲜度，排除病原物，防止食物中毒。

6. 嫩度受品种、龄期、加工方法的影响。一般生长期短的鸡嫩度高于成年鸡或老鸡，肌肉组织结构中结缔组织含量高的鸡嫩度低。嫩度好的鸡肉多汁性也好，而多汁性对消费者来说是受欢迎的。

第三节　肉种鸡的饲养管理操作流程

根据整个肉种鸡生产过程来划分，整个肉种鸡的饲养管理大致可以分为三个阶段：育雏期、育成期和产蛋期，不同阶段对种鸡的饲养管理有着不同的要求。

一、肉种鸡育雏期饲养管理

肉种鸡育雏效果直接决定着种鸡以后的生产性能，若育雏期任何一个环节管理不好，将会给我们的生产带来巨大的损失。

（一）育雏准备工作

良好的开端是成功的一半，所以育雏前的准备工作非常重要（参考本章第一节中的饲养前的准备）。

1. 育雏准备中最重要的环节就是鸡场空舍期的清理冲刷，因为彻底的清理冲刷可除去鸡舍中 90％的有机物，而消毒只可除去 6％～7％的有机物，熏蒸只可除去 1％～2％的有机物。鸡舍的清理冲刷是切断鸡群间疫病传播的重要措施，千万不可轻视。

2. 种鸡舍接鸡前预热工作对雏鸡至关重要，预热时间需要根据季节适当调整，冬季一般 3~4 天，其他季节一般 2~3 天，最终目的是使雏鸡到场后前 48 小时伞下垫料温度高温区达 40℃，低温区达 30℃，舍内空气温度达 32℃。

（二）育雏期的饲养管理工作

1. 温度管理

用电热保温伞加热升温时，育雏伞应悬挂在水线周围 1.5 米范围内，便于以后水线的提前使用，伞下围栏内的垫料至少 7~8 厘米厚，同时注意以下事项。

（1）伞下的温控器探头建议放在伞下垫料上。

（2）在使用前应了解本场保温伞加热效率的情况，掌握保温伞的高度与加热辐射面积的关系，以便根据伞下垫料控温要求灵活调整保温伞的高度与温度设定。

（3）雏鸡到场时，应把保温伞的温度设定调至最大，保持持续加热，开始伞边缘离垫料面 30 厘米高，因为第一天雏鸡饮水后有冷感，会出现向伞内挤堆现象，通过保温伞的低高度、持续加热，能降低鸡群挤堆程度，避免鸡只遭受冷应激，尽早散开，均匀采食。

（4）鸡开食 3~4 小时后，可根据鸡群情况，通过慢慢提高伞的高度来扩大温区的面积，给鸡群创造一个更大的舒适温度空间。

（5）12~24 小时伞底中心垫料的温度由 50℃可降到 40℃，从 2 日龄开始至 3 周末由 35℃逐渐降至 24℃。

（6）育雏期前 48 小时温度管理原则：无论外界天气温度如何，建议都要使用育雏伞，一定要以满足鸡只分布区域的垫料温度要求作为控温目标，而不是以鸡舍的空气温度来管理温控系统，要做到看鸡施温，即通过观察雏鸡的表现正确地控制育雏的温度。育雏温度合适时，雏鸡在育雏室（笼）内均匀分布，活泼好动，采食、饮水都正常，羽毛光滑整齐，雏鸡安静而伸脖休息，无奇异状态或不安的叫声；育雏温度过高时，雏鸡远离热源，精神不振，展翅张口呼吸，不断饮水；育雏温度过低时，雏鸡靠近热源而打堆，羽毛蓬松，身体发抖，不时发出尖锐、短促的叫声。另外，育雏室内有贼风（间隙风、穿堂风）侵袭时，雏鸡亦有密集拥挤的现象，但鸡大多密集于远离贼风吹入方向的某一侧。

2. 湿度管理

（1）环境相对湿度应控制在 50%～70%，前三天相对湿度保持在70%，育雏期相对湿度低于50%会造成鸡只脱水和其他问题，高于80%会引起垫料潮湿问题。有关研究证明，当舍外空气加热后进到鸡舍内，每提高 1 倍的温度，相对湿度也会降低 50%；空气温度每降低 1℃，相对湿度可提高 5%。

（2）现有的提高湿度的方法有：地面洒水、育雏伞上挂湿布。地面洒水增加湿度时应小量多次，以地面潮湿为准，不能将水洒到垫料上，否则会造成雏鸡受凉，另外喷热水或喷雾都不可取。鸡舍内使用火炉时，也可将水煮沸加湿。

（3）湿度偏高时，不但会造成垫料潮湿和霉变，由于水分蒸发要吸热，还会降低空气和垫料的温度，造成冷应激。湿度太低会造成鸡只脱水，还易引起垫料粉尘，加重呼吸道繁殖疫苗的反应疾病的产生，影响鸡群健康。

3. 饮水管理

（1）尽可能地延长雏鸡饮用温水的时间，水温应达到 26～28℃，水温太低，雏鸡饮水后有冷感，易挤堆；温度太高，降低鸡只的饮水量。如果有条件前一周饮用温水效果最好。

（2）第一天的饮水质量对雏鸡影响很大，雏鸡发育较快，吸收迅速，一旦水的质量有问题，饮水后 5～6 小时就会出现症状，因此必须保证鸡群前期的饮水质量。

（3）在由温水转换为自来水时，水中可适当添加抗生素，饮 3～4 天，降低肠道应激，同时有利于减少断喙造成的感染等。

（4）饮水做到卫生、干净、充足，饮水器数量足够，均匀分布。

（5）一周后开始使用乳头饮水线，若是饮水或滴口免疫时要在免疫前后 3 天停用，并对饮水系统进行冲洗，其他免疫方式不受影响。

4. 饲料管理

（1）使用开食盘期间，一般 80~100 只/盘，提供足够的饲料，盘内至少要保证 1 厘米厚的饲料；保证饲料清洁，及时清理饲料中的木花、稻壳、鸡粪，增强雏鸡采食欲；开食盘内饲料要勤加，保证饲料的新鲜，不能出现开食盘漏底或半空盘现象，保证采食均匀。

（2）1 日龄雏鸡采食情况的评估标准：采食后 8~10 小时，80% 的雏鸡嗉囊充盈；24 小时后，5% 的鸡只嗉囊充盈。7 日龄体重一定要达到体重标准，若比例较低应及时检查饮水及饲料情况，尽快采取措施，否则将影响均匀度的管理和后续生产性能的发挥。

（3）雏鸡到场后若鸡群情况良好，无脱水现象，建议水料同时供给，若鸡群脱水严重，可先开水，并根据鸡群情况及时开食。若开食过晚，会影响鸡肠道的发育，影响肠道绒毛的长度及密度，使消化酶减少，不利于鸡的生长及影响均匀度。

（4）母鸡应在四周末蛋白累计 170 克左右，体重达到此标准时可由育雏鸡料过渡到育成料，若累计不足将会影响鸡群均匀度以及以后产蛋鸡的产蛋数，若体重不足或蛋白累计不够可适当延长育雏料的供给。公鸡四周末体重应达到 690 克，一旦体重达标就应开始限饲，不要拖延，达到并保持理想的均匀度是获得较高受精率及成活率的关键。

5. 育雏期垫料管理

（1）育雏期的垫料使用木屑和稻壳的混合物效果最好，原因是两者混合使用，既能减少鸡舍内的灰尘，又能起到对鸡舍湿度很好的调节作用。

（2）鸡舍的垫料管理质量，直接影响鸡舍空气的质量，影响鸡群对疫苗接种的反应及鸡群健康。

（3）因为雏鸡生长发育快，如果扩栏不及时，密度大，会导致各种问题，所以特别强调根据鸡群分布、采食饮水、鸡舍温度等情况及时扩栏。

6. 光照管理

雏鸡到场时，光照强度应在 50 勒克斯以上且分布均匀，以便雏鸡开水，第二周后可根据需要降低到 5~10 勒克斯；一般前 3 天采用 24 小时光照，从第 4~7 日，每天光照 22 小时，第 8~21 天为 18 小时，以后则每天 14 小时，直至育雏结束。

（三）育雏期操作规程

7：00 水箱上水，加消毒药，更换消毒药水，清扫消毒鸡舍、操作间及外环境。

7：30 早饭，鸡舍给水。

8：00 开灯，检查，调整水线，更换坏灯泡，鸡舍加湿。

9：00 喂料，清扫鸡毛，捡死鸡。

10：00 带鸡消毒（每周两次）。

12：00 午饭。

13：00 翻垫料，更换坏灯头，鸡舍加湿。

14：30 巡视鸡舍，加料并清扫。

16：00 巡视鸡舍并加料。

17：00 观察温度。

17：30～18：00 晚饭。

18：00～19：00 加料、清扫。

19：00～22：00 观察、匀料、关灯。

22：00 至隔日 5 时，观察鸡群温度。

操作时注意以下事项：

（1）喂料前检查水线是否有水及料线是否发生故障。喂料时关灯转料线，先把稻壳转出，等料分布均匀后开灯，开灯后立即进去轰鸡。避免鸡只分布不匀造成个别鸡只采食不足。

（2）各料箱出料口调整合适，避免溢料和断料现象，各料箱上料量适当。

（3）加湿程度要根据外界气候及是否带鸡消毒确定，14：30 以后不加湿，以免鸡只受凉。

（4）水线下的垫料要每天翻动，以免板结或潮湿，水线下太湿的垫料要和中间的垫料对调。必须保证水线下有充足的垫料，发霉变质的垫料及时清除出鸡舍。

总之，育雏期的管理措施是相辅相成、环环相扣的，并不能说哪一个环节是孤立存在的，如果有一点做得不好，其他工作做得再好也只是一种弥补手段。所有管理细节的执行和实施，还是依靠场区管理技术人员的共同协作。因此，做好员工的培训，保证每项工作按制度认真地执行贯彻，抓好鸡舍的管理细节，才是取得育雏成功的关键。

二、肉种鸡育成期饲养管理

肉种鸡的育成期一般是指种鸡7~20周龄生长阶段，育成期生产管理目标就是通过控制鸡舍环境条件和鸡只的饲喂程序及疫病防治等培育出适合种用的均匀度高的后备种鸡。育成期在鸡群的整个生产周期中是一个承上启下的阶段，如果饲养管理得当，将确保整个鸡群获得较好的生产性能。

(一) 育成鸡的饲养要求

1. 饲料要求　育成鸡的饲料营养水平要依据其生理特点和饲养目的进行调整，通常分为育成前期和后期两个阶段。饲料中的蛋白质、钙等营养物质含量由前到后递减。也有采用同一营养水平的，但在育成后期需要较多地限制喂料量，在这种情况下，应适当加大饲料中维生素及微量元素的添加量。育成中、后期应严格控制饲料中的钙含量，含钙过多易引起肾脏尿酸盐沉积。育成鸡饲料配方及主要营养含量如表4-12。

表4-12　育成鸡饲料配方及主要营养含量

原料	育成前期	育成后期	主要营养成分	育成前期	育成后期
玉米（%）	63.35	67.84	粗蛋白（%）	20.00	16.00
豆粕（%）	30.77	17.50	钙（%）	0.80	0.80
棉籽粕（%）	—	—	有效磷（%）	0.42	0.38
麸皮（%）	—	9.55	食盐（%）	0.33	0.36
鱼粉（%）	2.00	1.50	赖氨酸（%）	1.01	0.73
磷酸氢钙（%）	1.17	1.10	蛋+胱氨酸（%）	0.68	0.56
石粉（%）	1.04	1.23	代谢能（兆卡/千克）	2.85	2.80
食盐（%）	0.26	0.28			
动物油脂（%）	0.41	—			
预混料（%）	1.00	1.00			
合计	100.00	100.00			

2. 育成鸡的喂饲　在采用平养方式情况下应尽可能在上午一次性地将全天的饲料量投放于料桶或料槽内。在阶梯式笼养情况下，育成前期可在上午和下午分两次投料，育成后期则在上午一次性投料。对于发育较差的鸡群不应过分限制采食量，喂料次数可以增加一次。同群鸡应设法促使其

均匀进食。

3. 关于青绿饲料喂用　育成鸡在小规模生产情况下可以考虑使用部分青绿饲料，用量占配合饲料用量的 20%～35%。青绿饲料要幼嫩、无腐烂、干净、无污染，切碎或打浆后拌入配合饲料中使用。青绿饲料宜多种混合使用。

4. 补喂砂砾　为了提高饲料的消化利用效率，笼养育成鸡每 10 天左右应补喂 1 次砂砾，每次添加量按每只鸡 4～6 克计。砂粒大小应与绿豆相似，洗净晾干后撒在料槽中任其采食。

5. 饮水　应符合充足、清洁的基本要求。一般情况下不宜限水。

（二）育成后期限制饲喂

1. 目的　培育良好的体况（体重、体格）；控制性成熟过早；降低产蛋后期的死淘率，及早淘汰弱鸡；延长经济利用期；节约饲料，提高饲料效率。如果在育成期进行限制饲喂，鸡的采食量比自由采食量减少，可节省 10%～15% 的饲料，从而降低了饲养成本。抑制种鸡的性成熟，通过限饲可使性成熟适时化和同期化，这是由于限饲首先控制了卵巢的发育和体重，个体间体重差异缩小，产蛋率上升快，到达 5% 产蛋率所需的天数短。

2. 限饲的起止周龄　种鸡一般 6～8 周龄开始进行限饲，18 周龄后根据该品种标准给予饲喂量。限饲必须与控制光照结合，限饲期间切不可用增加光照等办法刺激母鸡开产，这将会对其后的产蛋产生有害的影响。

3. 限饲的方法：一是量的限制，有以下几种方法。定量限饲：喂给鸡群自由采食量的 70%、80% 或 90% 的料量，依不同类型、品种鸡群状况而定，轻型鸡要轻度限制，决定每天饲料量。停喂结合：如 1 周内停喂 1 天，3 天内停喂 1 天（隔天给饲）。限制采食（定时限饲）：根据鸡的日龄和限饲的目的，决定每天的给饲时间，其他时间可自由采食。二是质的限制。就是在育成阶段对某一种必需的营养物质，如蛋白质、氨基酸、能量、维生素、矿物质等进行限制。对 1～18 周龄的蛋用型鸡饲喂 14% 的蛋白质粮，对以后的产蛋性能无不良影响，但采用低蛋白日粮时，一定要保证各种氨酸的供给。

（三）育成鸡的光照管理

1. 光照原则　培育期绝对不能延长光照，产蛋期绝对不能缩短光照。

2. 光照管理　育成鸡光照管理的重点在于控制其生殖系统的发育，合理调节性成熟期。

育成前期鸡群光照时间的长短对其生殖器官发育的影响不大，但育成中后期的影响则较显著。为了防止鸡群性成熟过早，在育成鸡光照管理上应该是：随周龄的增长每周的光照时间应逐渐缩短，或育成期采用稳定的短光照（每天光照时间不超过 12 小时）。

育成鸡舍内光照强度以 5～10 勒克斯为宜，满足采食、饮水和饲养人员操作需要即可。

（1）密闭式育成鸡舍的光照管理　密闭式鸡舍不受自然光照时间的影响，光照时间可完全由人工控制，生产上在育成期间可采用每天 8 小时左右的照明时间。在人工光照的时间内安排各种生产操作活动。

（2）有窗鸡舍的光照管理　有窗鸡舍的舍内光照情况受自然光照变化的影响大，育成鸡的光照管理应视出壳时间不同而分别安排。每年 4 月 15 日至 8 月 25 日孵出的雏鸡其育成的中后期（10～18 周龄）均处于自然光照时间逐渐缩短的情况下。因此，育成阶段完全可以只采取自然光照。在 8 月 25 日至次年 4 月 15 日出壳的雏鸡，应查找该批鸡 10～18 周龄期间当地自然光照时间最长那天的日照时数，将育成期光照恒定为这一时间，或 10 周龄时的日光照射时间比该时间长 2 小时，以后每周缩短 15～20 分钟。

对于 1 月下旬到 4 月初期间出壳的雏鸡，其育成中后期自然光照时间可能会较长，生产上可考虑在育成中后期对房舍采取必要的遮光措施。具体操作上可设置黑色窗，在早上 7 时以前及下午 7 时以后进行遮光，效果尚好。

（四）育成鸡的其他管理措施

1. 温度与通风　育成鸡最适温度为 18～20℃，炎热夏季育成舍温度最高不能超过 30℃，冬季最好不低于 14℃，温度过低，育成鸡维持需要增多，采食量增加，浪费饲料。一般育成舍温 14℃以下时，每降低 0.5℃，饲料消耗增加 1%。另外，育成鸡舍必须有足够的新鲜空气供应，做好通风工作。

2. 湿度　育成鸡舍最适宜的相对湿度是 55%～65%。如果舍内湿度过大，各种微生物尤其是球虫易繁殖滋生，所以要勤清粪、打扫地面和加强通风，保持适当的湿度。

3. 保持适当密度　如果密度不合理，即使其他饲养管理工作都好，也难以培育出理想的高产鸡群。育成期在平面饲养的情况下，每平方米的合适密度为：7～12 周龄，8～10 只；13～16 周龄，6～8 只；17～20 周龄，4～6 只。

4. 选择淘汰　对于公鸡和母鸡应在 6 周龄和 18 周龄前后淘汰那些畸

形、伤残、患病和毛色杂的个体。这两次选择时，留用的公鸡数占母鸡数的 12％～14％。

对于采用人工授精繁殖方式的种鸡，应在 22～23 周龄期间对种公鸡进行采精训练，根据精液质量，按每 25 只母鸡留 1 只公鸡的比例选留公鸡。

5. 白痢净化　这是种鸡场必须进行的一项工作，可在 12 周龄和 18 周龄时分别进行全血平板凝集试验，在鸡群开产后每 10～15 周重复进行 1 次，淘汰阳性个体。要求种鸡群内白痢阳性率不能超过 0.5％。

6. 强化免疫　种鸡体内某种抗体水平高低和群内抗体水平的整齐度会对其后代雏鸡的免疫效果产生直接影响。

种鸡开产前，必须接种新支减三联苗、传染性法氏囊炎疫苗，必要时还要接种传染性脑脊髓炎疫苗等。

7. 公母混群　采用自然交配繁殖方式的种鸡群，在育成末期将公鸡先于母鸡 7～10 天转入成年鸡舍。

（五）育成鸡体重与整齐度控制

1. 体重的控制

（1）目的　使实际体重在本品种标准体重±10％范围内，体重过大、过小均造成体质差，生殖系统发育不完善，对以后的产蛋造成不良影响。

（2）控制方法　固定时间隔周空腹随机称重，抽取 2％～5％的个体，使其平均体重沿标准体重±10％范围增长，当实际体重与标准体重相符时下一周喂料量按标准施行。若实际体重低于标准体重则下一周的喂料量应比标准有所增加，增加幅度不宜过大，每只每天喂料量不宜高出标准 3 克。若实际体重高于标准体重则下一周仍按本周的实际喂料量执行，不宜在此基础上减少。

2. 均匀度控制　体重均匀度＝平均体重±10％的鸡只数/取样只数×100％。

（1）目的　使鸡开产整齐，达到高峰迅速，高峰期持续时间长，产蛋期死亡率低，要求均匀度达到 80％以上。

在每次抽样称重之后要检查体重过大、过小的个体所占比例，以此作为衡量均匀度的依据。不同代次、不同类型或配套系的育成鸡在各阶段对均匀度的衡量尺度有一定差异。

某些鸡种育成期要求测定胫部长度，以了解其骨架发育情况。较高的整齐度预示着鸡群开产的一致性好，高峰到来较早且可维持较长时间。

（2）提高育成鸡整齐度的措施

1) 保证鸡只均匀采食 育成鸡多数情况下都要控制采食量，实际喂料量为自由采食量的 90% 左右。为了让每只鸡都吃到尽可能相同量的饲料，生产上要求要有足够的采食位置，保证每只鸡都能同时吃到饲料；全天的料尽量 1 次投放；加料的速度尽量快，尤其是在平养情况下。

2) 保持合适的饲养密度 饲养密度高易造成群内个体大小的明显差异。

笼养育成鸡由于笼的类型不同，其密度调整也不相同。育雏育成一体笼可参照相关推荐标准调整，阶梯式育成笼在育成前期每个小单笼放置 5~6 只，育成后期应为 4~5 只。

对于垫料地面和网上平养的育成鸡，其饲养密度也可依照鸡群卧下休息时的情况确定，休息时有 25%~30% 的空闲位置较为合适。

(3) 搞好分群管理 育成鸡饲养期间要根据称重及日常检查将体重偏大、偏小的个体分别相对集中安置，形成大体重群、中等体重群和小体重群。分群后要采用"抑"大"促"小措施，调整喂料量，使之逐渐趋向标准体重。

(六) 肉种鸡育成舍饲养管理的注意事项

1. 育成鸡的选择 在育成过程中应观察、称重，不符合品种标准的鸡应尽早淘汰。一般第一次初选在 6~8 周龄，选择体重适中、健康无病的鸡。第二次在 18~20 周龄，可结合转群或接种疫苗进行，在平均体重 10% 以下的个体应予以淘汰处理。

2. 按品种标准和增重速度进行限饲。

3. 从 7 周龄开始，每周 100 只鸡给予砂粒 500 克。

4. 进行预防保健：在 60 日龄和 90 日龄及开产前可在饲料中添加氧氟沙星或环丙沙星，每千克饲料中添加 80~100 克，连用 3 天；每隔 25~30 天对种鸡的胃肠道进行杀菌消炎一次：饮水中添加络合碘 20% 含量，按 1:(1500~2000) 比例添加，饮 1 天。

5. 按免疫程序及时对鸡群进行免疫接种。

6. 一般雏鸡 6~7 周龄时转入育成鸡舍，到 17~18 周龄，最迟不能超过 20 周龄转到产蛋鸡舍。转群最好在夜间进行，转群前 6 小时应停料，前 2~3 天和入舍后 3 天，饲料内添加多种维生素 100~200 克/吨。转群当天应连续 24 小时光照。

7. 转群时应做好断喙（修剪）、预防注射等，可结合进行淘汰选择。

（七）肉种鸡育成期饲养管理

1. 上午和下午上班时对鸡舍各种设备进行检查，尤其是电器设备、通风设备、照明系统、喂料设备、清粪设备等逐一进行巡查。

2. 按要求限制饲喂，按耗料标准控制用量。

3. 每两周称重一次，根据体重变化及时调整饲喂方法。

4. 水槽经常保证有水。

5. 在饲料中补饲砂粒。

6. 采取自然光照，不需人工补光。

7. 每周对鸡群进行 1～2 次消毒，每个月最后一天对鸡舍进行一次全面消毒。

8. 每天（或不超过两天一次）刷一次水槽，每天打扫一次卫生。

9. 及时清理粪便，要注意通风工作，排出舍内的各种有害气体，净化环境，夏季做好降温防暑工作，冬季做好防风保温工作。

10. 及时挑出笼内的病瘫及弱小鸡，单独饲喂，或及时淘汰，及时处理死鸡。

11. 协助兽医免疫注射，注意观察免疫后的情况。

12. 详细做好日常饲养管理情况的记录和档案管理工作。

三、肉种鸡产蛋期饲养管理

（一）产蛋前期（18～21 周龄）的饲养管理

转群：各系分群，公母分群，在 18 周龄时完成，转出前 6 小时应停料，在转群前 2～3 天和入舍后 3 天，饲料内增加多种维生素和抗生素。转群最好在晚间进行，尽量降低照度，以免惊吓鸡群。

公母比率：自交 1∶10；人工授精 1∶（25～30）。

饲喂方法：采用产蛋前期配合饲料，自由采食，补充贝壳粉和粗钙粉等补钙饲料。

准备产蛋箱：在开产前的第 3～4 周，有些鸡就寻找适于产蛋的处所，愈是临近开产找得愈勤，尤其是快要下蛋的母鸡，找窝表现得更为神经质。因此提早安置好产蛋箱和训练母鸡进产箱内产蛋是一项重要工作。为吸引母鸡在箱内产蛋，产蛋箱要放在光线较暗且通风良好、比较僻静的地方。垫料要松软，发现污染马上更换。为防止或减少鸡产窝外蛋，如见有伏地产蛋者，就要设法令其进产蛋箱，要求饲养人员耐心细致，不厌其烦地训练。否则，破蛋、脏蛋和窝外蛋都会增多。

（二）产蛋高峰期（22～48 周龄）的饲养管理

1. 饲喂方法　产蛋高峰期采用自由采食，保证饲料的全价营养，料槽添料量应为 1/3 槽高，添料过满会造成饲料抛撒。

2. 饲养密度　全地面垫料平养为 4～5 只/米²，网上平养为 5～6 只/米²，立体笼养为 8～12 只/米²。

3. 增加光照　从 18 周龄开始，每周增加光照 0.5～1 小时，到产蛋高峰时达 16 小时/天。

4. 种蛋收集

自然交配种鸡群周龄达到 25 周龄、母鸡产蛋率达到 30％时就可以收集种蛋，这时的种蛋合格率可能较低，主要是蛋重小，孵化出的雏鸡稍弱一些，但是遗传素质和正常种蛋相同，只要精心管理也会有较好的生长速度。人工授精的种鸡产蛋率达到 50％时就可以进行人工授精，这时有一些母鸡还未开产，输精时不要强行翻肛输精，以免造成对输卵管的伤害。

肉鸡种蛋的蛋重要求范围比蛋鸡大，一般 50 克以上 68 克以下都可以孵化，砂皮蛋、裂纹蛋在孵化操作过程中容易破损，污染其他种蛋，而且本身的孵化率也低，通常不进行孵化。

（三）产蛋后期（49 周龄至淘汰）的饲养管理

当鸡群产蛋率下降至 80％时，为防止母鸡超重和保持良好的饲料利用率，应开始逐渐减少饲料量，适当增加饲料中钙和维生素 D 的含量，添加 0.1％～0.15％的氯化胆碱。每次饲料减少量每 100 只不超过 230 克，以后产蛋量每减少 4％～5％时，必须调整一次饲料量，从产蛋高峰到结束，每 100 只鸡饲料量大约减少 1.36 千克。

在每次饲料减少时，必须注意观察鸡群的反应，任何不正常的产蛋量下降，都必须恢复到原饲料量。同时要注意天气的突变、饲喂方式的改变、光照管理、鸡群的健康状况、疾病等因素，必须找出造成产蛋量下降的原因，及时改进，绝不能随意减少饲料量。

四、种公鸡的饲养管理

1. 种公鸡的选择

第一次选择在 6～8 周龄时，选择个体发育良好，冠、髯大且鲜红的个体，选留比例为 1∶10（公∶母）。

第二次选择在 17～18 周龄，选择发育良好、活泼健壮、腹部柔软、按摩时有性反应的符合品质标准的个体，选留比例为 1∶（15～20）（公∶母）。

第三次选择在 20 周龄（中型蛋种鸡可推迟 1~2 周），选择精液品质好和体重符合标准的个体，选留比例为 1：（20~30）（公：母）。对公鸡通过一段时间的按摩采精反应训练，被淘汰的为 3%~5%。如果是全年实行人工授精的种鸡场，应留有 15% 的后备种公鸡。

2. 种公鸡的饲养

在种公鸡整个生产过程中，最初的 72 小时非常重要，饲养管理中最关键的要素之一就是要使雏鸡有一个良好的开端。这最初的阶段决定着鸡只骨架的发育。只有育雏育成期种公鸡得到良好的骨架发育，它们才能在整个产蛋期进行有效的交配。随着不断生长，种公鸡需要更多的饲养面积。确保种公鸡的饲养密度，通常公鸡 3~4 只/米^2，还要提供充裕的采食空间。

饲养中，在 7 日龄时要使雏鸡达到目标体重，4 周龄时进行全群称重分群，淘汰特别小的鸡只。10 周龄时做最后一次选种工作。在获得正确体重生长曲线的同时，种公鸡的均匀度从 35 日龄开始应一直保持在 80%~85% 之间，从而在混群和交配时，鸡只的性成熟基本相同。到 8 周龄时，鸡只 85% 的骨架发育基本结束。此阶段一定要达到，甚至要超过早期的体重标准，这一点至关重要，否则会限制其交配的成功率。

自然交配的公鸡，配种季节每天的交尾频率非常高，体力消耗大，应注意加强种公鸡的营养。在人工授精条件下的种公鸡，饲养管理尤为重要，应调整日粮营养水平，否则会影响采精量、精子浓度和活力，使精液品质下降。还要适当增加蛋白质和维生素 A、维生素 E，以提高精液品质。公母鸡混养时，应设公鸡专用食槽，放在较高的位置，让母鸡无法吃到，以弥补公鸡营养的不足。

目前对种公鸡的日粮营养需要量仍无统一标准，一般与母鸡使用同样的饲料，因为在散养条件下难以实施公鸡和母鸡的单独饲喂。在笼养条件下也是以使用母鸡的饲料为基础，在种用期适当提高蛋白质和维生素含量水平，这样就能取得满意的受精率。

公鸡换羽比母鸡早 2~3 个月，在此期间精液品质差，种蛋受精率降低。如果种母鸡实行人工强制换羽的话，要将公鸡隔离开，不要实施换羽，否则对以后受精能力有影响。后备公鸡不能用高蛋白质水平的日粮，用中等偏低的蛋白质水平对将来的精液品质和受精能力有良好的促进作用。

3. 种公鸡的运动

可以采用地面垫料和板条高床饲养相结合增加种公鸡的运动量。

4. 环境要求

光照：混养时的光照同母鸡。在 9～17 周龄间，可恒定 8 小时光照，至育成后期每周增加半小时，直至 12～14 小时。12～14 小时的光照可使公鸡产生优质的精液。光照强度在 10 勒克斯即可维持公鸡的性功能。

温度：成年公鸡在 20～25℃环境下，可生产理想品质的精液，当温度高于 30℃或低于 5℃时，都会严重影响公鸡的性功能。

第五章　肉鸡场设施设备操作流程

随着社会与科技的进步，一方面人类对环境条件特别是对畜禽舍内环境如温度、湿度、通风、光照的控制水平显著提高；另一方面畜禽养殖又受养殖品种、规模、饲料种类和质量、疫病、生长环境和管理水平等因素的影响非常严重。为了使畜禽的生长环境一直保持在最佳状态，保证畜禽身体健康与生长速度，提高生产效率，降低人工成本，科学化、规模化、现代机械化养殖即设施化养殖顺势推广、普及。

第一节　环境控制设备的操作

一、升温设备的操作

（一）热风炉升温设备的操作

热风炉以燃煤或电热作热源，以空气作为热交换介质，通过离心风机把外界冷空气吸入炉体加热，形成热风，再由热风管（空中送风）送到鸡舍内。热风洁净清新，加热迅速，主要用于鸡舍升温。

1. 热风炉的使用

（1）搭建保温内室。在使用热风炉前要在鸡舍内搭建屋中屋或保温架即保温内室，其空间大小要与饲养规模、热风炉的效率、外界环境中的温湿度等因素相配套，要求牢固、安全、保温、通风，必要时搭建双层保温内室。

保温内室的面积：冬春季节，每 15 平方米饲养育雏肉鸡 1000 只。

保温内室的搭建：先用毛竹和铁丝在鸡舍内搭一个高 1.7 米的牢固架子；然后在架子上铺一层宽 2 米的薄膜，每 2 条薄膜之间留一条 30～50 厘米的缝隙（即通风换气带），缝隙上铺上麻袋、毛毯等既保温又透气的物品（禁用不透气的物品覆盖）；最后在薄膜和通风换气带上再加盖一层草帘（毛毯）。四周用薄膜围住，挂上毛毯，下端用稻草压牢，如气温太低可以围两层薄膜。

（2）防止空气干燥。在使用热风炉时可采用喷雾或洒水等方式适当加湿，防止鸡舍内空气干燥而诱发小鸡干脚、呼吸道等疾病。

（3）做好停电预案。要制定好停电时热风炉（离心风机）无法正常使用情况下鸡舍保温的预案。可以自备发电机。

（4）严防火灾。热风炉使用过程中一直有明火燃烧，要格外注意防火。对直接接触传热管道的地方要使用防火材料，薄膜或麻袋不能直接与传热铁管接触，同时烟囱要伸出鸡舍顶棚外，且不能直接与屋顶易燃隔热保温材料接触，以免引起火灾。

（5）储足备用物质。要根据生产实际需要，储备足够数量的优质块煤、木柴等升温用燃料和优质薄膜、草帘等保温物料。

2. 热风炉的保养

（1）经常检查燃烧室是否有烧损的部位。若有受损的部位，则立即停炉修复。

（2）定期检查热风中是否有烟气，严防热风炉运行系统漏烟、漏气。若有烟气，则立即停炉检修。

（3）热风炉长时间不运行时，应在炉膛内放置干燥剂并且将炉门、灰门等关闭，封闭送风入口，防止湿空气进入炉内发生氧化生锈。

（二）水暖锅炉设备的操作

1. 新一代养殖锅炉是由主机、水温散热器、微电脑自控箱、引风机等四部分组成，主要应用于封闭式鸡舍的升温保温工作。室温达到要求后自动停机，利用炉内的余温保持水温，以达到室内温度的保持。

2. 管理方便，省工、省力、省心，清洁卫生，无烟尘污染。采用了国内的锅炉泄压技术，当锅炉达到一定的压力时，泄压系统自动开启，有效地杜绝了锅炉因压力过大而产生不良后果。

3. 一机两用。具有冬天加温、夏季降温的双重效果。

4. 大容量炉膛能减少加煤次数，方便夜间供热。添一次可以燃烧6～12小时。

5. 对炉温和室温进行自动化控制，能实现炉温与室温的协调统一，恒温供热。

6. 空气新鲜，减少养殖疾病发生。

7. 养殖加温锅炉设备辅机（调温冷暖风机）是由纯铝制造的散热器与

轴流风机一体组成的整机,作用是把主机送来的热水的热量通过轴流风机散热器散发到鸡舍内,使鸡舍内的温度迅速提高,具有冷暖双重功效。冬季接入热水成为暖风机,夏季接入冷水成为冷风机。

微电脑自控箱:养殖调温设备的自控部分,可根据需要设定温度,以达到自控恒温的目的。

循环水泵安装在主机的进水管处,主机和辅机是通过铁管或 PPR 管进行连接的,工作时水泵把主机炉的热水通过管道强制送至辅机散热器内,经过散热器散热后再送回主机。依此来回实现热能循环。

现在市场上生产鸡舍升温锅炉的有些厂家只顾着降成本,却忽略了产品的质量,买养殖供暖设备不要算一次账,要算总账,要算细账,有些锅炉虽然价格较低,但是使用寿命短,可靠性差,不耐用,耗煤量大,部分用户只图当时价格便宜,可总的细账算起来,实质是花贵钱买了差锅炉,因而供热效果不好,三天两头出问题,苦不堪言,没过几年只得换锅炉。

(三) 电热伞升温设备的操作

1. 自做电热伞:伞面用镀锌铁皮或防火纤维板制成伞状罩,在伞内壁周围加装隔热材料、电热丝(电阻丝、电热管等热源)和控温设备,伞中心安装电热灯泡。伞下及四周温度不同(伞下距地面高度 5 厘米处温度可达 35℃),雏鸡可选择适温区活动。电热育雏伞适合平养育雏使用,伞四周用 20 厘米高护板或围栏圈起,随鸡日龄增加扩大面积。每个直径为 2 米的保温育雏伞在室温 24℃以上可育雏鸡 300~500 只。

2. 购买企业生产用的电热育雏伞,适用于大、中、小鸡场的网上和平地散养育雏。

3. 操作方法:一般在室温 15℃以上即能育雏。

(1) 将伞的电源插头插入 220 伏电源,确定控温器上的旋钮开关是否进入升温模式。

(2) 育雏温度的确定:热源下方和伞心温度与伞四周温度有 6~12℃的差异。控温器的设定值只代表伞中心下方感温头位置的温度,因此,育雏时温度值最好根据伞内鸡的表现而定,以鸡只不抱团、散开、活跃或安静不吵闹为准。认定后可将刻度盘转到发光管刚跳后不亮时为止。

(3) 随着鸡龄的增加,应按规定逐步降低育雏温度的设定值,或升高育雏伞。

(4) 可用木夹调节透气孔的大小,保持伞内通风换气。

(5) 严禁把饮水器放入伞内,防止伞内湿度过大,影响雏鸡的生长,诱发球虫、慢性呼吸道疾病和肠炎等疾病。

(四) 红外线灯升温设备的操作

1. 使用常识：红外线灯泡的一般悬挂高度是 25～30 厘米≤离地≤50～60 厘米（过低有可能因为过热引燃地面垫料而发生火灾），灯泡之间相隔 1.5 米左右。1 只 250 瓦的红外线灯泡在室温 25℃时一般可供 110 只雏鸡保温，20℃时可供 90 只雏鸡保温。红外线灯泡配合稻草和谷壳等垫料使用，并在灯泡上部制作一个大小适宜的保温灯罩，加上对鸡舍进行合理密封，能显著提高升温保暖的作用。

2. 注意事项

（1）尽量选用抗碰撞（加厚、硬质防爆玻璃）、环保（无铅焊接工艺）、使用寿命长（高效红外线灯丝、0.25 毫米钼丝支架、内充超高纯氮气）的优质红外线灯泡。

（2）充分考虑电线的负荷，防止电线过热引发火灾，电路设计过程中必须配备自动跳闸开关和保险丝。

（3）在夜间无人看守鸡舍时，尽量不要使用红外线保温，以免发生意外。

(五) 远红外线加热供温设备的操作

安装时将远红外线加热器的黑褐色涂层向下，离地 2 米高，用铁丝或圆钢、角钢之类固定。8 块 500 瓦远红外线板可供 50 平方米的育雏室加热。

二、通风降温设备的操作

(一) 湿（水）帘纵向通风降温系统设备的操作

湿（水）帘纵向通风降温系统可以调节鸡舍通风和舍内温度。这种通风降温措施要求鸡舍相对密封，舍内高度≤5.5 米、舍长≤50.0 米，两边纵墙上安装卷帘直至铝合金双层隔热玻璃窗，在西面山墙或南北两边纵墙西端嵌入式安装若干台直径 120～146 厘米的轴流风机（抽出舍内空气，风量达到 46000～48000 米^3/时；一台轴流风机配 6～8 米^2 的湿帘，舍超长或超高要相应增加风机台数），在相对一端的东面山墙或南北两边纵墙东端设置进气口并嵌入式安装水帘（不可以有其他的进风口）。当封闭卷帘、轴流风机工作时，空气从水帘处进入，沿鸡舍纵向直线流动，通风均匀有效；高温季节启动水帘降温系统，通过循环水冷却热空气（可降温 10～15℃），配合封闭卷帘、轴流风机促使空气纵向流动，降低舍内温度。

湿（水）帘纵向通风降温系统可根据观测的舍内实际温度与设定的理想温度的温差由电脑控制仪自动控制。

风机和水帘要适时合理应用。东西设计鸡舍一端的大风机启动（先放下鸡舍卷帘或关闭窗户，再打开风机后面的百叶窗，合上轴流风机的电流开关，开启纵向通风设备实施纵向通风降温）要从中间开始，先南后北选择应用。夏天高温季节育雏（育雏面积≥鸡舍面积的30%，鸡舍内昼夜温差≤5℃），尽量使用开南北两侧风口的过渡通风方式，10日龄内当鸡舍温度达到34℃时或15日龄内当鸡舍温度达到31℃时使用一个风机（其他季节采用自然通风或侧风机）；22日龄后鸡舍温度超过28℃时使用一个风机，31℃时启动第二个风机；28日龄以后，鸡舍温度达到25℃时开启第一个风机，达到26℃时增加到第二个风机，达到27℃时增加到第三个风机，2～3天过渡到纵向通风（关闭两侧进风口），逐渐增加风机（特别是夏天鸡舍温度≥31℃时，晚上使用大风机数量不能低于总数的60%）。

全部风机打开后，鸡舍温度达到31℃时，启用水帘（先放满湿帘或蓄水池或箱中的水，再合上湿帘循环水泵、湿帘负压风机的电流开关，通过布水系统在蜂窝状纤维纸表面形成水膜，降低空气温度并加压送入鸡舍）进行湿帘降温。注意：夏天晚上，特别是下雨天高温高湿（环境湿度超过70%）时，禁止使用水帘。

湿（水）帘纵向通风降温系统的日常维护，主要包括对本系统所有的电机和开关、线路进行检查与保养，对水管、水箱（或水池）、水泵过滤器、管道泵、风机和湿帘的检查与清洁。保证水帘用水水温适宜（室温水，禁用井水或凉水）、水质洁净（pH6～9，禁用开放式池塘的水、禁止阳光直射）和水位适当（禁止长流水）。在每天关闭系统时（多为下午4～5时），应先关闭湿帘给水泵电流、切断水源，再让风扇继续转30分钟以上，直至湿帘完全干燥后才能关停风机；在本系统每使用季度结束停用时，应排干所有水泵、水槽、储水箱（或水池）、湿帘中的水。

（二）屋顶喷雾降温设备的操作

利用设置在屋顶的喷头喷嘴将水喷射或雾化成细雾水或超细雾粒（粒径50～100微米），雾水或雾粒在屋顶表面蒸发、气化的过程中吸收周围环境中的大量热量，从而降低屋顶表面及屋顶周围直至舍内的空气温度。

喷雾设施的喷雾喷头应根据喷雾半径合理确定安装间距，以使整个屋顶被均匀布雾甚至淋湿为宜。在高温夏季，一般是上午12时左右开启喷雾，屋顶喷水（雾）后对比降温可达3～5℃。

应用屋顶喷雾降温时，一要选择经久耐用的进口 PE 供水管、喷头、进水口过滤器和不锈钢固定架等易装易清理的设施设备，有条件的采用循环时间控制装置，设置科学合理的喷停时段，实现自动、手动一体化，节水、节能；二要用过滤水或者是清洁井水，不能使用池塘水、河水或污水；三要做好鸡场地面排水沟的硬化，防止瓦面的水滴入地上后造成环境潮湿，诱发呼吸道等疾病发生。

（三）通风设备的操作

1. 风扇通风

在高温季节鸡舍中间的位置上，每千羽鸡可配置一把工业用的大风扇。风扇的高度应与鸡舍窗口高度一致，吹风方向应该与自然风向一致，不可以吹到地面和屋顶上方。也可以用吊扇、壁扇通风。

2. 屋顶无动力通风

无动力通风一般是在鸡舍屋顶开设天窗（每隔 10 米左右开一个，天窗盖高出屋顶瓦面约 50 厘米）直接通风，或安装无动力风机通风。

3. 侧窗通风

体感温度的控制是环境控制的中心。肉鸡对体感温度的要求是：第一周，29.4~32.2℃；第二周，29.4℃；第三周，26.7℃；第四周，23.9℃；第五周，21.1℃；第六周，18.3℃。

所以，冬春寒冷季节和夏天晚上温度低时的通风，14 日龄前，经过鸡背的风速应尽可能低，以小于 0.2 米/秒为宜；15~21 日龄，风速不应超过 0.5 米/秒；22 日龄后，风速不应超过 1 米/秒。即当肉鸡舍外温度低于12℃时应采用横向通风。即使是高温季节对 10 日龄前的肉鸡也采用横向通风，然后根据需要和实际情况，逐步实现最小通风向过渡通风和纵向通风的转换。

第二节　饮水设备的操作流程

一、水井和水塔的维护与管理

1. 井场管理。深水井周边 50 米以内无污染场所和排污口。井场前方 4米、其他三方 1.5 米范围内的场地应平整，无杂草、杂物和畜禽粪便，有土堰和围墙（栏）等安全防护措施。井场内的各种设施构件不渗不漏，防腐漆显示明确，不存在局部水力损失过大节点，各控制阀灵活好用。水源深井在停运期间，单流阀状态良好。

2. 井房墙皮、屋顶无裂缝，不渗、不漏，无蜘蛛网，操作坑有盖板，井口封闭；记录资料、深井资料、端点井标牌统一上墙悬挂；拖布、扫帚、抹布有固定位置摆放；入孔有防盗装置，门锁有防锁套，室内有防盗探头。

3. 记录资料填写要求齐全工整、准确。及时填写电流、电压、出口压力、保修情况、周边环境、测流数据、保护调试情况、集水干线、深井支线等情况；水源查井工每天必须认真检查深井并做好记录（包括节假日），单井运行时间必须与水源日报表相符，发现问题及时上报；水源站长要坚持每月对本单位深井进行一次全面检查，水源副站长每半个月对深井全面检查一次。站领导要对检查内容和检查出来的问题做好记录，并在水源深井单井记录本上签字。

4. 冬防保温。各井房要求彻底封闭，门缝、入孔、墙壁裂缝必须用毛毡封闭，深井逆止阀要能适度回水，阀门和压力表要缠有电热带。所辖阀井保温完毕，达到阀井内无积水、淤泥、杂物，阀井底部距阀体 15 厘米以上，阀门除锈、丝杠涂黄油，阀井盖覆土 10 厘米以上。

5. 水源深井在使用过程中应参考技术员制定的 ABC 分类总表优先开启水质、单耗都较好的深井。A、B 类深井连续停运时间不得超过 7 天，对于水质不好的 C 类深井，每 15 天调整运行一次，每次运行时间不少于 24 小时。

6. 水塔的位置要高于或等于鸡舍高度，夏天要有遮荫设备。

二、净水设备的维护与管理

水是鸡最重要的营养物质之一，参与机体的整个代谢过程，对调节体温、养分的运转、消化、吸收和废物的排出具有不可替代的作用。商品肉鸡生长快、饲养周期短，缺水的后果往往比缺料更严重。

（一）水源的卫生维护

在非生产期间，每半年对供水系统进行一次清洁、维护与保养。即，用积余水先清洗水池（塔）内壁并排净，彻底清除沉淀的泥沙，然后再用新鲜清水反复冲洗水池（塔）并排净 2~3 次。同时，检查各处过滤器网罩的完整性，去除表面附着的杂质并清洗干净。再向清洗后的蓄水池（塔）注水，沉淀 3 小时并经感官等检查确认各出水口的水没有杂质、水质清澈、pH 等指标正常后恢复供水。

（二）水质的监测

1. 每年至少取水送权威实验室进行水质的理化指标和微生物指标的检测 1 次。

2. 自备深井水的水质应符合国家饮用水 GB5749 卫生标准（细菌总数：≤100cfu/毫升，pH 值：4.0～9.0，Ca≤20D，Fe≤2.5 毫克/升，Mn≤2.0 毫克/升，亚硝酸盐：≤1.0 毫克/升）。

3. 饲养员和管理员在日常使用过程中，要观察水质情况，包括颜色是否正常、是否混浊、有无肉眼可见异物、有无异味等。发现异常情况应及时采取应对措施并上报。

（三）防止水的污染

1. 采用独立的饮用水管线供水并做好维护和保养，防止管道堵塞、破裂和水泵失灵等发生，拆除多余的、堵塞的管道。

2. 对井房、供水房、水井、蓄水池（塔）做到应锁尽锁、应盖尽盖，保持清洁卫生。

3. 控制好供水水压和饮水流速，防止溢流打湿垫料、饲料和用具。

三、供水管道的维护与管理

对供水管道消毒和清洁可以定期使用现配现用漂白粉兑水。使用浓度可因情况不同而异，如带鸡消毒其浓度应每 1000 毫升水加 0.3～1.5 克，药液应当在供水管道中停留 30 分钟以上才排放，在排净药液后要用清洁水冲洗。对于乳头饮水器要经常清洗过滤装置。对于饮水槽和塑料饮水器（包括改装成自动饮水器），应每天用漂白粉水清洗消毒 1 次。

冬春寒冷季节要用防冻材料包裹裸露在外的水管以防止冻结开裂。

四、饮水器具的维护与管理

1. 长流水水槽。一般用塑料、铁皮或镀锌板制成，截面呈 V 或 U 形，可以采取人工上水或一端与水塔相连，利用水位控制阀来调节供水。水槽结构简单、成本低，便于饮水免疫；但耗水量大，易受污染，要经常刷洗并清除污物。

2. 真空饮水器。由聚乙烯塑料饮水盘和倒扣在水盘上的聚乙烯塑料贮水筒组成，水由筒壁底部边缘的出水孔流入饮水盘，当饮水盘中的水位高于小孔时即停止流出；当鸡只饮水后出水孔外解，筒内的水又能自动流出淹没出水孔，一直保持恒定的水位。真空饮水器适用于雏鸡和平养鸡，在使用时要定时加水，及时刷洗清洁。

一般地，鸡舍运动场配置饮水器4个/千只鸡。鸡舍内水桶配置：小水桶12个/千只鸡，大饮水器10个/千只鸡。

3. 乳头式饮水器。它直接与水管相连，乳头端经常保持一滴水，饮水时水即流出。乳头式饮水器为现代最理想的一种饮水器，适用于平养和笼养的各龄鸡，既能节约用水，又能防止细菌污染。但不便进行饮水免疫，且对原材料和制造精度要求较高。

在实践中已成型的自动化饮水器具——VAL乳头式饮水系统，该饮水系统由过滤器、水表、加药泵、调压器、透明管、输水管和256个饮水乳头构成，每栋鸡舍设四条VAL系统饮水线。

4. 杯式饮水器。饮水器呈杯状，与水管相连，此饮水器采用杠杆原理供水。杯中有水能使触板浮起，由于进水管水压的作用，平时阀帽关闭，当鸡吸啄触板时，通过联动杆即可顶开阀帽，水流入杯内，借助水的浮力使触板恢复原位，水不再流出。使用时要注意定期刷洗清洁水杯，清除积淀的饲料，防止发霉污染水质。

第三节　供料设备管理操作流程

一、人工喂料器具的管理与维护

（一）料槽

料槽是喂鸡时盛饲料的主要饲养工具，制作料槽的材料有木板、竹筒、镀锌板等。常见的有条形料槽和吊桶式圆形料桶。

1. 条形料槽。槽口两边缘向内弯入1~2厘米，或在边缘口内侧镶嵌（1.5~2厘米）厚×（1.0~2厘米）宽的木板，中央装一个能自动滚动的圆木棒。采用直径为8~14厘米的毛竹，制成口面宽为6~11厘米的大小不等的料槽，下方加固定架。适用于大、中、幼雏鸡饲用。

料槽长度和高度应根据鸡的大小而定。肉用鸡应占槽位1~2周龄为4~5厘米，2~4周龄为6~7厘米，6~8周龄为8~10厘米；食槽高度以料槽边缘高度与鸡背等高或高出鸡背2~4厘米为度。

2. 吊桶式圆形料桶。由一个锥状无底圆桶和一个直径比圆桶大6~8厘米的浅底盘连接而成。浅底盘边缘口面的高度一般为3~5厘米。圆桶与底盘之间用短链相连，可调节桶与盘之间的距离。底盘正中央设一锥形体，底面直径比圆桶底口小 3~4 厘米，以便饲料自上而下向浅盘四周滑散。这种桶加一次料可供鸡采食 1~2 天。悬挂高度以底盘口面线高于鸡背线 1~3 厘米为宜。市场上有用塑料制成的大、中、小不同类型料桶，适宜于各种不同类型的鸡食用，最适宜于肉用鸡采食干粉料或颗粒饲料。

（二）自动喂料系统

最具有代表性的是美国 CUMBERND 自动喂料系统。每栋鸡舍配备 3 条该系统料线，每条料线配备 64 个料盘，料盘的盛料深度可调节，料盘下半部活动，触地时底部上移，使料盘变浅；加上料线高度可调，整个肉鸡生长期都可以使用该系统料线料盘喂料。

整条料线为弹簧螺旋推进式。饲料通过电动机带动弹簧转动输送到各料盘供鸡只采食，当最后一个料盘盛满相应深度的饲料后，可自动关停电动机完成喂料。

整条料线用钢缆悬挂。可根据鸡只体格大小通过绞盘滑轮调节料线高度。

整条料线电机装有自动控制装置。时间继电器可实现按预设的时间自动开启电机送料。

二、饲料加工机组的维护与管理

1. 例行检查。每天上班时首先对整套机器设备进行运行情况检查、添加润滑油。发现机械运行异常时应立即处理，协调好人员和停机工作；如遇到突然停电或接到电网停电的通知时，要及时开启备用发电机，保证供电正常。

2. 按章作业。监督操作人员严格执行有关机械操作规程，按保养计划清理维护，提高各种应变能力。

3. 加强电力管理、电控室的电器维护、电机的保养清洁工作。

4. 做好全厂机电的维修计划，并编制、填写《设备年度检修计划》和《设备日常保养表》，协助做好机器零配件的采购工作。

5. 对预混、成品料磅秤，油脂、液体蛋氨酸喷量进行不定期检查调校，定期清理混合油过滤网，并在《调校油脂、液体蛋氨酸喷量记录表》和《检校成品、预混剂磅秤记录表》中如实记录。

6. 对各系统设备实行分类放置、分别管理，清楚记录库存配件的名称、性能、数量、型号、进货地点和进厂日期、价格等；对换下的待修或废弃配件也要详细记录原因、维修时间等，并做好备案记录后储存。对库存配件使用情况（包括设备名称、型号、数量、领用人、领用时间、领用用途以及领用人的签名）进行详细记录，并填写《机械设备进出仓记录表》。

7. 关注库存配件。易耗易损配件要保持有适当数量的库存，但某些配件（如防锈油等）不能长期存放。因此采购库存配件时要制订科学合理的计划，既要防止急需配件时没有库存，也要防止库存的配件长时间不用。对损坏的零件进行修理，对无法维修的作报废处理，并填写报废单。

8. 单机设备的正常维护。一个饲料加工成机组是由多种单机设备组成的。

（1）料仓。及时发现并解决各种料仓（配料仓、制粒仓、成品仓）中的"结拱"现象。棉籽粕、菜籽粕、鱼粉等纤维含量较多且易吸湿的物料容易在仓斗中"结拱"，不宜长时间存放。如遇"结拱"，不要用铁棍等敲击，以免料仓下部变形导致物料"结拱"更厉害，应该用木榔头等敲击或启动装在仓壁的振动电机。

（2）粉碎机。粉碎机累计工作到50小时左右，要拆开机器各部件，进行检查和清洗；累计工作到200小时左右，应该对轴承座里面的轴承拆洗、重新涂抹润滑剂。要经常注意机器工作过程中的声音及震动情况，如震动很强烈时，应该及时查找原因，进行调整。

及时更换粉碎机的磨损锤片（当粉碎机锤片第一只角磨损后，可将粉碎机反向运转。第二只角磨损后，则要拆下销轴将锤片调头使用。调头后两个角又都磨损后，则整副锤片要更新。更换新锤片时相对应两组锤片的重量差不得大于5克）。

对未设置自动流量控制器的，在粉碎不同品种的物料时，要人工调节流量，使粉碎机在额定电流下工作。

如遇突然停电，要尽快关闭进料门，以免料流充溢粉碎室（仓），影响下次启动。

（3）混合（搅拌）机。应经常紧固混合机轴承和传动链的螺栓、涂抹润滑油。每次停机后，要及时清理残余饲料，保持机器清洁。

混合机出料门漏料时，应调整汽缸压力及行程开关位置，使出料门关闭时能和机壳底相平。应及时更换老化的密封垫。

（4）制粒机。应经常重视制粒机的紧固件、轴承和压模压辊的保养。主传动箱夏季用40号机械油，冬季用30号机械油。每班要给制粒机绞龙、搅拌器轴承加一次2号钙基润滑脂，每半年清洗一次后重新加油。

制粒机压模（研磨新压模：可用 2/3 米糠加入 1/3 细砂，再加入 3%～5% 的植物油混匀，共 50 千克左右，人工加入压粒室反复研磨使模孔光洁，直到 90% 的模孔已出粒，便可正常生产）和压辊磨损后应更换。

勤查勤换干饱和蒸汽减压阀。

三、自动化喂料设备的管理与维护

（一）料塔的管理与维护

1. 科学选择料塔。玻璃钢饲料塔优于镀锌料塔。

镀锌料塔仓壁用有张力的镀涂钢材制成，仓顶 40°，塔底部漏斗形状，活动仓盖（地面上对料仓进行开启、关闭和锁住操作），防滑料塔侧梯。

玻璃钢饲料塔采用特殊聚酯树脂与玻璃纤维喷射并滚压一体化成型，并用编织玻璃纱补强，塔体外层白色涂层，一般为锥体，配特宽通长透视窗。其特点为隔热性佳，质地轻，强度高，具有保温隔热、防晒、防风、防水、防潮、防渗漏、防霉变、耐酸碱、抗腐蚀、防老化、使用寿命长、免维护等优点。

2. 正确安装料塔。料塔宜安装在距离建筑物不小于 0.5 米的高出地面 1 米以上的混凝土基础上，水泵、风机应按要求另作混凝土基础安装。

3. 合理使用料塔。首先是要把握适当的下料速度。料斗处的下料速度过快，可造成在料线中流动的饲料过多，阻碍料线甚至电机运行。其次是下雨、下雪、大风天气，要提前检查料塔是否封闭好，特别是料塔盖是否盖严，防止污染饲料。料秤要经常校准。镀锌料塔底部水池部位冬季注意防冻；使用前务必按液位标记注入吸收液，使用过程中应注意补充吸收液；使用时应先开循环水泵 2～3 分钟，再开鼓风机；停机时，应先停鼓风机 1～2 分钟后，再停循环水泵。

4. 及时清理料塔。每次料塔内饲料在用尽后，要在新进料前彻底清理干净料塔，特别是料塔的内壁和底部料斗位置，容易发生饲料废料残留，必须及时清理，严防霉变。条件许可的场应对料塔进行蒸汽清洗。

（二）料线的管理与维护

1. 定期检查料线平直度、电柜密封状况，及时调整自动料线高度、供料量（每次往料斗加料量不宜过多，加料量以埋住料斗的三分之一为宜）。

2. 及时清除饲料中的异物，如塑料袋、树枝、铁丝等异物，防止卡死自动料线。

3. 上料过程中，禁止把手伸到自动料线料斗的吸料口。

4. 发现异常情况，立刻切断电机电源，排除故障后，方可通电。

5. 自动料线上料电机只能顺时针方向旋转，电机的三相电源的相序不能随意调整。

（三）自动化喂料机的管理

1. 每次开动全自动喂料机前，一定要先检查确认机械上面没有杂物后再开机启动。

2. 经常检查、清洗、润滑全自动喂料机的各个齿轮和链条、皮带等。清洁度、紧固度（松紧度）、润滑度不够，不能开机启动。

3. 定期清理机械控制箱，保证控制箱内的整洁干净。

4. 定期检查和保养全自动喂料机的电机和减速机。

5. 保持易损配件的合理库存。

第四节　废弃物综合处理与利用设备的操作

一、清粪设备的操作

目前肉鸡场常使用的清粪方式有 2 种：人工定时清粪和机械清粪。人工定时清粪设备投入较低，但人工消耗大、工资成本高，且容易引起局部鸡群的惊恐，影响鸡的生长；机械清粪快速便捷，能耗消耗少，节省人工，不会造成舍内走道污染，因此近年来成为肉鸡场的新宠。

（一）地面刮板清粪机系统

纵向牵引式清粪机由牵引主机（安置在鸡笼组端部外侧，动力由电动机经减速机、链传动传至驱动轮，由亚麻绳拖动刮板主机）、亚麻绳（钢丝绳、传动链条）、4 个导向轮和 2 台刮板主机（移动导杆机构：拉杆、连杆、刮板和机架或导向块）等组成，适用于大中型标准化阶梯式、半阶梯式肉鸡鸡笼饲养鸡舍，每台可清理 2 个鸡粪粪沟。

维护保养：一是要经常检查紧固件、连接件是否紧固可靠。二是要在本系统累计工作 20 小时左右向轴承加注一次轴承润滑脂；累计工作 300 小时或在轴承工作温度超过 60℃时，应拆下轴承进行一次清洗、检查，如果轴承磨损严重应更换，并重新装入新润滑脂。三是本系统较长时间停用时，应切断电源，把所有部件都清洗干净。拆下或放松三角带，并远离腐蚀性液体和气体。

（二）带式（传送带）清粪机系统

由低压聚乙烯塑料输（传）送带、主动滚、被动滚、托滚、张紧轮、调节丝杠、电机及传动机等组成。适用于层叠肉鸡笼饲养。

二、粪便的发酵与干燥设备的操作

（一）发酵机

将鲜粪直接投入到发酵机械（已有卧式生物发酵反应器面市）中去，利用粪便本身的热量发酵，不另外用燃料。这种发酵机以电机带动机械间歇性周期旋转，其转动工作时间每天总计 1 小时左右，是一种省力省电的机械设备。由于结构为密封的铁罐，故无臭无味无噪声，可制造出优质的有机肥料。

（二）发酵干燥机

发酵干燥机是使粪便边发酵边干燥的设施。可以处理厚达 1.3 米的粪便，在发酵过程中使粪便能够被搅拌和翻转。发酵时可以利用粪便自身的热量使内部达到 70℃的温度，从而杀死粪中害虫卵和杂草的种子。在整个处理过程中仅用很少的人工和电力就可达到发酵和干燥两个目的。对于含水率大的鲜粪变成可销售的有机肥料，这种发酵和干燥同时进行的机器比较适用，具有较广泛的前途。

（三）鸡粪干燥机

鸡粪干燥机主要的特点是将鸡粪等投入到圆筒形的干燥器中，利用鸡粪产生的气体作为燃料，加热鸡粪而干燥。由于主要是利用加工过程中排出的气体作燃料，既解决了臭气排放问题，又不用另外的燃料，节省能源。

第五节　供电和动力设备操作管理流程

一、变压器的维护与管理

1. 检查套管和磁裙的清洁程度并及时清理，保持磁套管及绝缘子的清洁，防止发生闪络。

2. 冷却装置运行时，应检查冷却器进、出油管的蝶阀在开启位置；散热器进风通畅，入口干净无杂物；检查潜油泵转向正确，运行中无异音及明显振动；风扇运转正常；冷却器控制箱内分路电源自动开关闭合良好，无振动及异常声音；冷却器无渗漏油现象。

3. 保证电气连接的紧固可靠。

4. 定期检查分接开关，并检查触头的紧固、灼伤、疤痕、转动灵活性及接触的定位。

5. 每 3 年应对变压器的线圈、套管以及避雷器进行检测。

6. 每年检查避雷器接地的可靠性，避雷器接地必须可靠，而引线应尽可能短。旱季应检测接地电阻，其值不应超过 5 欧。

7. 更换呼吸器的干燥剂和油浴用油。

8. 定期试验消防设施。

9. 配备绝缘胶鞋、手套及其他常见维修工具。设备维修必须两人同时在场。

二、变（配）电房的维护与管理

1. 岗位责任制。变（配）电房工作人员必须持证上岗，熟悉变、配电系统及各供电回路的载荷情况，确保变、配电系统安全、经济运行。

2. 非电工人员一律不得进入变（配）电房；必要时严格登记后由专技人员陪同进入，并随手关门。

3. 巡查制。每 4 小时巡查一次变（配）电房，做好巡查记录；遇雷雨、大风等气候突变及其他异常情况时应加强巡视。发现问题及时处理，并在巡查记录中注明；不能解决的问题及时上报。

4. 严格按停送电操作规程进行操作。应提前发出停电通知；恢复送电时，应在确认供电线路正常、电气设备完好后方可送电。

5. 变（配）电房内设备及线路变更，要经公司工程部同意；重大变更要上报公司领导批准。

6. 变（配）电房室温不可超过 40℃。消防设施须定期检查，保持完好、有效，并有手持式气体灭火器。

7. 加强日常清洁、维护、检修，检查电气设备连接点和保护接地情况，确保供配电系统正常，妥善保管、保养各种安全用具、配套设施、设备、装置。

8. 停电拉闸操作的顺序：油开关（或负荷开关等）→负荷侧刀闸→母线侧刀闸依次操作；送电合闸的顺序与此相反。严防带负荷拉闸。

9. 高压设备发生接地时，室内不得接近故障点 4 米以内，室外不得接近故障点 8 米以内，维修工作人员应穿绝缘鞋，戴绝缘手套。

10. 不论高压设备带电与否，值班人员不得单独移开或越过遮栏进行工作。

11. 在变（配）电设备上工作应填写工作票或按命令执行，并应有工作许可人、工作监护人及工作间断和工作终结安全措施。

12. 安全保卫制度

（1）严禁工作时间内喝酒或酒后上班。

（2）严禁没有操作票进行倒闸操作。

（3）严禁没有工作票（或口头命令）在电气设备上操作。

（4）严禁不验电接地在停电设备上工作。

（5）严禁没有监护人时在电气设备上单独操作。

（6）严禁在变（配）电房内堆放易燃易爆物品。

（7）变（配）电房应配备有足量有效的电气灭火器材。

（8）变（配）电房应配备足够合格的绝缘垫、绝缘手套、绝缘靴并按规定进行保存和定期试验。

（9）保持变（配）电房安全通道的畅通。

三、场内供电线路的维护与管理

（一）电气设备安全维护和管理制度

1. 正确安装、使用电气设备。相关人员必须经必要的培训，获得相关部门核发的有效证书方可操作。各类设备均需具备法律、法规规定的有效合格证明并经维修部确认后方可投入使用。电气设备应由持证人员定期进行检查（至少每月一次）。

2. 定期检查、检测防雷、防静电设施。每季度至少检查一次，每年至少检测一次并记录。

3. 电气设备负荷应严格按照标准执行，接头牢固，绝缘良好，保险装置合格、正常并具备良好的接地，接地电阻应严格按照电气施工要求测试。

4. 各类线路均应以套管加以隔绝，特殊情况下，亦应使用绝缘良好的铅皮或胶皮电缆线。各类电气设备及线路均应定期检修，随时排除因绝缘损坏可能引起的消防安全隐患。

5. 未经批准严禁擅自加长电线。各部门应积极配合安全小组、维修部人员检查加长电线是否仅供紧急使用、外壳是否完好、是否有维修部人员检测后投入使用。

6. 电气设备、开关箱线路附近严禁堆放易燃易爆物并定期检查、排除隐患。

7. 设备用毕应切断电源。未经试验正式通电的设备，安装、维修人员离开现场时应切断电源。

（二）触电应急预案

1. 发现人员触电应迅速采取措施使触电者脱离电源并迅速切断电源。未切断电源前，可用干竹竿、干木棒、木椅木凳等绝缘器具使触电者脱离电源，不可赤手直接与触电者有身体接触。

2. 派专人看护现场，立即拨打120急救，并及时通知医务室人员到现场进行临时急救。

3. 通知相关部门领导及水电组人员到场处置。

4. 疏散围观人员，保证现场空气流通，避免再次发生触电事故。

5. 临时急救方法

（1）触电者未失去知觉时，应安放在空气流通处安静休息。

（2）触电者已失去知觉，但呼吸及脉搏均未停止时，应安放在平坦通风处所，解开衣裤，使其呼吸不受阻碍，同时用毛巾摩擦全身，使之发热。

（3）触电者失去知觉呼吸困难时，应立即进行人工呼吸，切不可向触电者注射强心剂或泼冷水。

（4）触电者呼吸及心脏搏动均已停止时，可能是假死，救护人员要坚持先救后搬的原则，应即刻进行人工呼吸或对心脏进行按压救护直到经医生诊断确已死亡为止。

（5）人工呼吸用口对口吹气效果较好，急救时，触电者的头部尽量后仰，鼻孔朝天，使舌根不堵塞气流，便于吹气急救。

四、自备发电机组的维护与管理

在肉鸡场自备发电机组绝大多数是柴油发电机组。一定要购买质量可靠、功率合适的发电机。一般发电机功率要比应供电设备总功率大30%～35%。发电机输出功率不能等于，更不能少于负载的总功率。用户在选购发电机组时，首先要考虑发电机组发电机输出功率与用电负载总功率的配备。一般质量较好的发电机，满负载也只是发电机功率的70%左右，长时间超载的发电机组容易损坏。购买发电机后，要妥善保存使用说明书，并严格按照说明书要求进行使用和维护，熟练掌握安全使用知识，初次使用发电机时，最好请厂家的技术人员详细讲解和示范操作及维护的具体方法，并要牢记在心。

（一）起动前的准备工作

一般在电网停电前 10~15 分钟转电。检查并灌满冷却水（柴油机冷却系统内）→检查并加满合格机油（机油箱、吸油管）→泵油（使用手压油泵向润滑系统内供油）→排出空气（排出压力表连接管内的空气，压力表指针摆动、出油口出油后，盘动飞轮数周。泵油至油压 0.05 兆帕以上，机油压力不低于 2.5 兆帕）→检查并加满合格柴油（燃油箱）→供油（使用手压输油泵向燃油系统内供油）→排出空气（旋开柴油过滤器顶部放气螺栓，喷油泵上部两放气螺钉和喷油器上的放气螺杆放气，至溢油并无气泡时旋紧）→充气（向起动空气瓶内充气至瓶内压力 1.5 兆帕以上）→再次确认柴油机是处于卸载状态、无其他物件及碰卡现象、放气螺栓已拧紧→起动。

（二）起动工作及其注意事项

压缩空气起动：先将开车把手置于开车位置→再旋开起动空气瓶上控制小阀和中央大阀→立即提上柴油机前端的起动控制阀手柄→柴油机起动→应先放下起动阀手柄→立即将空气瓶上各阀依次关闭。如在 3 秒内未能起动，应立即放下开车把手，停止喷油，并检查原因。

电力起动：先将开车把手置于开车位置→接通蓄电池开关→将电路钥匙插入打开电路开关→按下起动按钮→柴油机起动→释放按钮→关闭电子表钥匙（断开开关）。如在按下按钮 5 秒内柴油机还未启动时，应释放按钮，须等待约 2 分钟，再行起动，连续三次不能启动时，应停车检查。

柴油机起动后，先行低速暖车，同时注意各仪表读数，特别是机油压力表，读数应>50 千帕，并检查柴油机各部分运转是否正常，如一切正常可在 20~40 分钟内逐渐将柴油机转速升至特定转速。

（三）正常运转的条件及注意事项

1. 合乎规定的工作环境，有清洁的过滤器和合乎规定的外接排管。

2. 应按季节选择合乎规定牌号的燃油、机油，并使用合乎条件的冷却水。

3. 柴油机的负荷应符合规定，在环境状况发生变化时，应按规定进行修正，以保证柴油机在安全负荷下运行。

4. 机油压力和冷却水温度在规定范围内。

5. 经常注意油耗变化和排气颜色，以鉴别喷油器的工作性能和使用负荷的变化情况。

注意使柴油机在正常安全负荷下工作，避免柴油机超负荷运转，超负荷时常有以下表现：排气管显褐色或黑色烟甚至带火烟；机油温度冷却水温度上升，超出正常规定；燃油消耗率增大；转速下降。

6. 柴油机操作人员一定要熟悉本机结构。供电正常之后要有人看守，发现问题必须紧急处理，如飞车设法迅速停车。

（1）切断油路，拉急停车开关，拧开高压油管。

（2）切断进气路。

（四）柴油机的停车工作

1. 将开车控制把手逆时针方向旋到底，停止向机内喷油而立即停车。

2. 可将喷油器上的放气螺杆旋开，使其不能喷油。

3. 停车前应检视起动空气瓶内的空气压力，如较低应充气至 2.45 兆帕以上后，再行停车。

（五）日常维护

1. 每运行 24 小时，应于汽缸盖罩壳上的两加油小孔向进、排气门处滴加机油 2~5 滴，但不能多加。否则能使气门杆与导管黏结，尤其在排气门处需按一定时间滴加 1~2 滴柴油或煤油。

2. 检查油坯的润滑油的情况，必要时进行补充。

3. 检查喷油泵及调速器体内机油是否在规定平面内，不足时应加到规定量。

4. 检查三漏情况并及时排除三漏现象。

5. 清洁柴油机及附属设备表面上油渍、水及尘埃。

6. 每 100 小时后旋转机油滤洁器的中心转轴数转，更换喷油泵内腔机油，加至标准，旋开柴油滤洁器下部的放污螺栓，以排出积水或脏物，检查仪表情况是否正常。

第六节　其他设备的操作管理

一、喷雾消毒设备的操作

（一）喷雾设备的使用

1. 喷雾消毒

按消毒药的使用说明计算好分量，在大水箱中一边加水一边添加消毒药，使之充分拌匀。

打开开关，进行喷雾消毒，消毒用药喷完后，立即关闭电源开关。

2. 喷雾降温

在大水箱中装满水，打开开关，进行喷雾降温后关闭电源的开关。

（二）注意事项

1. 在使用喷雾设备前必须先关闭风扇或风机。

2. 在使用喷雾设备时必须检查喷头有无堵塞，水管有无破裂。

3. 在肉种鸡舍使用喷雾设备前必须先捡蛋。

（三）日常维护

1. 饲养员每天检查喷雾设备的运转情况，定期或不定期清洗喷头和清洁喷雾水管表面上的尘埃，保持清洁。

2. 水电工定期对喷雾系统的电机和开关线路进行检查和保养。

3. 水电工要及时对破裂的水管进行维修。

二、断喙机的操作

1. 断喙时间：第一次在搬到育成笼后 5～6 周龄，第二次在 10～13 周龄由饲养员进行修剪。

2. 断喙时，左手抓鸡脚，右手大拇指顶住小鸡的后脑轻轻用力，右手食指指腹托住小鸡的下颌，轻用力以使鸡舌缩回，喙尖与刀片呈垂直角度在刀片上烧灼，上喙以烧掉鼻孔距喙尖的 1/2 为度，下喙烧掉 1/3，烧灼时间以止血为度，勿长时间烧灼，以防死喙。

3. 将断喙完成的鸡只放回鸡笼里，观察是否有流血，发现有流血的要重新烧灼。

4. 注意事项

（1）刀片的温度以中间橘红两边黑红为准，勿高温烧喙。

（2）断喙前投喂多种维生素或维生素 C，以减小应激，同时补充维生素 K，以减少出血。

（3）断喙当日料槽中的饲料要加厚，勿断水。

三、智能化监控设备的管理

随着社会的发展，粗放型肉鸡养殖由于效益低、风险高、污染大，逐渐被现代化养殖取代。现代化养殖管理，可以实现养殖智能化，打造全新的养殖管理理念，提升肉鸡养殖场的产量与产值。在有条件的肉鸡养殖场内安装智能化监控设备，以便随时查看现场动物生长情况，减少人工现场巡查次数，提高效率。从科学养殖、提高养殖管理水平、实现现代化养殖的角度来看，智能化监控是现代化养殖业发展的必然趋势。

1. 畜禽养殖智能监测系统

通过传感器、音频、视频和远程传输技术在线采集养殖场环境信息（二氧化碳、氨气、硫化氢、空气温湿度、噪声、粉尘等）和畜禽的生长行为（进食、饮水、排泄等），实时监测设施内的养殖环境信息，及时预警异常情况，减少损失。

2. 畜禽养殖视频监控系统

在养殖区域内设置可移动监控设备，可实现：①现场环境实时查看；②远程实时监控；③视频信息可回看、传输和存储，及时发现养殖过程中碰到的问题，查找分析原因，确保安全生产。

3. 畜禽养殖智能控制系统

实现畜禽舍内光照、温湿度、饲料添加等功能的智能化控制，根据畜禽的生长需要，分阶段智能调整环境条件，智能投放不同类别的饲料，实现精细化管理，减少病害发生，减少损失。

4. 手机远程管理系统

手机控制是农业物联网控制系统的另一种便捷控制方式，用户预先在智能手机上下载物联网系统，通过手机上的客户端，用户可以远程查看设施环境数据和设备运行情况，还可以分析数据，方便灵活管理。

畜禽养殖监控系统，可以对养殖场的空气温湿度、光照度、二氧化碳浓度、硫化氢、氨气、溶氧量、pH 值、水温、铵氮等各项环境参数进行实时采集，无线传输至监控服务器，管理者可随时通过电脑或智能手机了解养殖场的实时状况，并根据养殖场内外环境因子的变化情况将命令下发到现场执行设备，保证养殖场动物处于一个良好的生长环境，提升动物的产量和质量。

畜禽养殖监控系统通过智能传感器在线采集畜禽舍养殖实时环境参数，并根据采集的数据分析结果，远程控制相应设备，使畜禽舍养殖环境达到最佳状态，实现安全生产、科学管理、减少病害、降支增收的目标。

第六章　肉鸡场疫病防控与废弃物处理操作流程

第一节　肉鸡场生物安全保障措施

一、肉鸡场的生物安全隔离措施

为防止病原微生物感染鸡群，必须执行严格的生物安全制度。

1. 肉（种）鸡场的防疫条件

（1）肉（种）鸡场应该选择在地势较高、干燥平坦、排水良好和向阳背风的地方，距离敏感区域如生活饮用水源地和城镇居民区、文化教育科研单位、集贸市场等人口集中区域及公路、铁路等主要交通干线 500 米以上；距离一般污染区域如其他动物饲养场（养殖小区）、动物屠宰加工场所和动物诊疗场所 500 米以上；距离特殊保护区域此种畜禽场 1000 米以上；距离严重污染区域如垃圾处理场（厂）、动物无害化处理场所 3000 米以上。

（2）肉（种）鸡场应有充足的电源、水源，水质符合饮用标准。

（3）肉（种）鸡场周边应有围墙，出入口应有消毒设施设备，场内净道、污道分开。

（4）肉（种）鸡鸡舍长轴方向原则上应坐北朝南，与常年主导风向呈 30°～45°角。

（5）鸡舍应该采用混凝土地面、可冲洗的墙面与天花板、易拆卸的通风管道以及鸡舍内不应有支柱或突出物，防鼠、防蛇、防野鸟等其他动物。

（6）所有鸡舍周围 15 米范围区域应该干净平整，1～3 米内铺上砂砾或鹅卵石甚至混凝土，合理绿化。

2. 防止人媒传播

（1）大门应上锁，并在最显眼的位置上张贴"防疫重地，非请勿入"等类似告示牌，尽可能减少外来参观人员数量，防止未经允许进入鸡场。

（2）所有人员进入鸡场必须遵守生物安全制度。员工与外来人员都必须洗澡并更换干净的工作服才能进入。

（3）完善来访人员的登记制度，包括姓名、公司、来访目的、已经去过的鸡场以及将要去的下一个鸡场。

（4）员工与来访人员进出每一栋鸡舍都必须清洗与消毒手和靴子。

（5）必需的工（用）具和设备在经过适当的清洁与消毒后才能带入鸡舍。

（6）监管人员每天的现场监管行为应该从最新建成的鸡场中年龄最小的鸡群开始。有疾病的鸡群始终应该是最后一个访问。一旦怀疑有严重的问题，如禽流感、强毒型新城疫、传染性喉气管炎、败血性支原体（慢性呼吸道病）、滑液囊支原体或沙门菌病，则所有的访问应该立刻停止。

3. 防止物媒传播

（1）应该采取整体全进全出制，至少是小区全进全出制的饲养方式。

（2）必须彻底冲洗与消毒鸡舍，空舍时间应在 14 天以上。

（3）鸡舍周围 15 米的范围内不应有绿色植物，不应堆积建筑材料、设施设备或垫料。

（4）垫料应该装袋储存或储存在仓库或饲料塔内。

（5）尽快将撒落的饲料清理干净。

（6）执行完整的老鼠、野鸟、害虫控制措施。

4. 肉鸡场的清洁步骤

（1）清洁计划：制订一个包括日期、时间、人员以及所需设备等内容的详细的鸡舍清洗消毒计划，还应包括生产管理设备的日常维护。

（2）昆虫控制：应在肉仔鸡刚出笼或肉种鸡刚淘汰完毕、趁鸡舍温度还较高时，立刻在垫料、设备以及鸡舍其他所有表面喷洒在当地允许使用的杀虫剂。也可在出笼前 2 周使用安全许可的杀虫剂。并在鸡舍熏蒸消毒之前进行第二次杀虫处理。

（3）清除灰尘：必须用刷子清扫所有位于风机、房梁、开放式鸡舍展开的卷帘暴露部分、鸡舍内突出物与支撑结构等处的灰尘、残留物和蜘蛛网。

（4）喷湿鸡舍：在清出垫料与移出设备之前，应用便携式或低压喷雾器在整个鸡舍内部从屋顶到地面喷洒洗涤溶液，使灰尘潮湿、沉降。开放式鸡舍应首先关闭卷帘。

（5）移出设备：所有的设备和器具（饮水器、饲喂系统、栖架、分隔栏等）应移到鸡舍外面的水泥地面上。

（6）清除垫料：鸡舍内所有的垫料与废弃物必须清除，并用拖车或垃圾车封盖装运至指定地方综合处理。离开鸡舍时，车轮必须冲刷干净并应喷雾消毒。

（7）垫料处理：清除的垫料不能存放在鸡场或撒播在离鸡场较近的农田。必须运离鸡场 3 千米以外，进行堆积发酵等综合利用或无害化处理。

（8）冲洗：在确认关闭鸡舍所有的电路后，按照生产厂家提供的说明书将发泡洗涤剂用高压冲洗机冲洗鸡舍与设备，再取清洁干净的热水用高压冲洗机清洗一遍。用橡胶扫帚清除地面上过多的积水。

所有移到鸡舍外面的设备也必须浸泡、冲洗并用清水漂洗。冲洗好的设备应遮盖存放。加湿器应先拆卸、检修、清洗再消毒。

鸡舍外面（含开放式鸡舍卷帘内外侧、进风口、水泥道路、排水沟）也必须冲洗干净，员工的生活设施也应该同时彻底冲洗。

任何不能冲洗的物品（如聚乙烯、纸板箱）必须销毁。

收集所有污水进行无害化处理。

（9）维修保养

1）用混凝土或胶合剂维修地面裂缝。

2）维修墙体勾缝和粉刷的水泥层，用涂料进行粉刷或喷白。

3）维修或更换损坏的墙体、门窗、卷帘及屋顶。

（10）消毒

由经过适当培训的人员按照消毒药的使用说明书，通过高压冲洗机或便携式喷雾器使用消毒剂对已经冲洗干净、干燥后的鸡舍和生产设施设备及工具消毒。

（11）福尔马林熏蒸

熏蒸操作人员必须穿好防护服（如防护面罩、防护眼罩及手套），必须两人同时在场。用福尔马林熏蒸时，应该在鸡舍清洗完成后尽早进行。鸡舍应保持湿度＞65％，温度＞21℃（77F°）；鸡舍的门、风机、通风系统网罩和窗户必须密封 24 小时，并且放置醒目的"禁止入内"警告牌。所有人员只有在彻底通风后才可进入鸡舍。铺放好干净垫料以后，应该再进行一次熏蒸消毒。

（12）鸡场冲洗与消毒效果评估

对冲洗与消毒的效果与成本进行监测，一般通过完成对沙门菌的分离来评估效果，也可以通过检测活菌总数（TVC）的方式进行评估。

二、肉鸡场的防疫免疫措施

1. 建立养殖档案，如实详细记录鸡群状态观察、鸡群的采食量与饮水量、免疫接种、疫苗批号、疾病诊断与处置（药物治疗）、投入品（饲料、兽药、工用具）的出入库（数量与质量特性特征）、进雏、转群、销售、无害化处理等内容。

如果怀疑鸡群发生疾病，应立即送病鸡进行解剖并咨询兽医。尽早对患病鸡群采取适当的治疗措施。

2. 免疫

（1）科学合理的免疫程序

根据当地疾病流行病学、疫苗（仅限于绝对、必须要使用的疫苗）的供应与使用说明、饲养管理条件以及法律法规的要求等制定免疫程序。常见疾病如马立克病（MD）、新城疫（ND）、传染性支气管炎（IB）、传染性法氏囊炎（IBD）等应作常规性考虑。

疫苗接种虽然有利于防治疾病，但不能过于频繁和面面俱到（严防免疫应激和免疫抑制），免疫程序中的疫苗应仅限于绝对、必须使用的疫苗；不能完全替代良好的生物安全措施，对具体疾病的控制应制订疾病的控制计划。例如，全进全出制能很好地控制禽霍乱和传染性喉气管炎（ILT），而不必进行免疫接种。疫苗应选用信誉好的生产厂家。

商品种鸡参考免疫程序、商品肉鸡参考免疫程序、肉种鸡的免疫程序见表6-1、表6-2、表6-3。

表6-1　商品种鸡参考免疫程序

日龄	疫苗	防治疾病	接种方法
1	CVI 988 疫苗	MD	颈部皮下注射
4	传染性支气管炎 H120、肾传弱毒疫苗	IB	饮水或点眼
7	鸡新城疫Ⅱ系或Ⅳ系疫苗	ND	点眼、滴鼻
10	禽流感油疫苗	AI	颈部皮下注射
11	中毒力疫苗	IBD	2倍量饮水
13	小鸡三联油乳剂灭活疫苗（新城疫、鸡传染性法氏囊病、传染性支气管炎二价三联疫苗）	ND - IBD - IB	皮下注射

续表

日龄	疫苗	防治疾病	接种方法
22	传染性法氏囊病（中等毒力株）疫苗	IBD	2倍量饮水
40~45	新城疫Ⅳ系疫苗	ND	2倍量饮水
50~60	传染性支气管炎（H52株）疫苗	IB	2倍量饮水
90	新城疫Ⅳ系疫苗	ND	2倍量饮水

表6-2　商品肉鸡参考免疫程序

日龄	疫苗	防治疾病	接种方法
1	火鸡疱疹病疫苗	MD	颈部皮下注射
5	球虫耐药株强毒疫苗	E. acervulina E. maxima E. tenella	饮水
10	鸡痘弱毒冻干苗	Fowlpox	夏秋季：刺种；冬春季：点眼
20	新城疫-传染性支气管炎-禽流感（H9N2）三联疫苗	ND、IBD、AI	颈部或大脚内侧皮下注射

表6-3　肉种鸡的免疫程序

日龄	疫苗名称	防治疾病	免疫方法
1	火鸡疱疹病疫苗	MD	两个免疫剂量肌注
4	鸡传染性支气管炎活疫苗（H120株）	IB	饮水、点眼或滴鼻
10	新城疫-传染性支气管炎-禽流感（H9N2）三联疫苗	ND、IBD、AI	颈部皮下注射
18	鸡传染性法氏囊病活疫苗（中等毒力）	IBD	饮水
25	新城疫-传染性支气管炎-禽流感（H9N2）三联疫苗	ND、IBD、AI	颈部皮下注射
	鸡痘弱毒冻干苗	Fowlpox	翅内侧皮下刺种
30	鸡传染性法氏囊病活疫苗（中等毒力）	IBD	饮水

续表

日龄	疫苗名称	防治疾病	免疫方法
40	鸡传染性支气管炎活疫苗（H52株）	IB	饮水、点眼或滴鼻
45	鸡新城疫油乳剂灭活苗	ND	肌注或皮下注射
50	传染性喉气管炎弱毒苗	AILT	点眼或滴鼻
120	新城疫-产蛋下降综合征二联灭活油乳剂疫苗	ND、EDS-76	肌注或皮下注射
130	鸡传染性法氏囊病灭活疫苗（中等毒力）	IBD	颈部皮下注射

（2）疫苗类型与选择原则

一般有活苗和灭活苗两类，每种疫苗都有特定的用途和优点，在有些免疫程序中联合使用。

灭活苗：这些疫苗由灭活的病原微生物（抗原）制成，通常与油佐剂或氢氧化铝佐剂结合在一起。佐剂有利于增强鸡体免疫系统对抗原有较长的免疫应答效果。灭活苗可含有多种对抗家禽疾病的灭活抗原。灭活苗一般通过皮下或肌内注射接种。

活苗：这些疫苗含有某种（几种）从自然病例中分离到的天然致病力弱的或被致弱的传染性病原微生物，可以在鸡体内繁殖刺激产生免疫反应但不会致病。也有些疫苗所含的病原微生物没有被致弱，如 Nobilis COX ATM 离子载体类耐药株的强毒疫苗就含堆型艾美耳球虫（E. acervulina）、巨型艾美耳球虫（E. maxima）、柔嫩艾美耳球虫（E. tenella）等三种艾美耳球虫强毒株，因而在制定免疫程序时要特别注意。

针对某一种疾病有几种活苗时，原则上首先选择毒力最弱的疫苗，然后再根据疫苗的来源选择毒力稍强的疫苗。

活疫苗一般通过饮水、喷雾及点眼或刺种途径接种。也可注射免疫如马立克病疫苗，如沙门菌和霉形体活苗。

活苗和灭活苗联合免疫，即先使用一种或几种含有特定抗原的活苗，再注射灭活苗。如传染性支气管炎（IB）、传染性法氏囊炎（IBD）和新城疫（ND）等的免疫。

（3）免疫方法及注意事项

1）疫苗稀释时所需的水量见表6-4。

表6-4　疫苗稀释时所需的水量

换种方法	家禽只数	不同周龄家禽需求量	
		0~4周	5~8周
滴鼻，点眼	100	2.5毫升	2.5毫升
饮　水	100	1升	1升
喷　雾	100	50毫升	100毫升

2）饮水免疫

①应使用清凉（15℃）的中性蒸馏水或井水或雨水，避免氯、铁、锌、铜等有害离子混入水中。有条件的可在水中加入与水等量的新鲜牛奶或0.2%的脱脂奶粉。

②饮水免疫前应根据气温高低和鸡龄大小，酌情彻底停水3~5小时（1~2周龄3小时，3~4周龄4小时），确保稀释后的疫苗在2小时内用完。在饮水免疫前后24小时不得饮用高锰酸钾溶液或其他药物。

③应多设洁净的搪瓷或硬质塑料性饮水设备，不用金属饮水器（槽），不残留洗涤剂与消毒剂，保证每只鸡都能饮到水，必要时还要于次日再补1次。

④应在饮水中开启疫苗小瓶。应用清洁的搅拌器将疫苗与水混匀。疫苗现兑现用，分多次添加，保证鸡喝到的疫苗都是新鲜的、现兑的、高效价的。

⑤饮水免疫的配苗用水要根据鸡龄大小给予不同数量的水。鸡的日龄在5~15、16~30、31~60、61~120和120以上时，每只肉用鸡的免疫饮水量分别为5~10毫升、10~20毫升、20~40毫升、40~50毫升和50~55毫升。如鸡只数目介于两个标准剂量之间，应选择较高剂量。

⑥饮疫苗的时间以早上空腹饮最好。特别是夏季炎热时更应在清早时进行饮水法接种疫苗，不能让疫苗溶液暴露在阳光中。

3）喷雾免疫

①精心制造适宜的免疫环境。最好在孵化室内进行，如果在育雏舍进行，要调整好温度，保持在26~33℃（夏秋高温季节应在夜间进行气雾免疫），相对湿度在65%~75%，关闭所有通风设备，停止通风20~30分钟。喷雾用水水温调整为15~20℃。

②规范调整免疫雾滴大小。最好是选用疫苗供应商配套提供的专用喷

雾设备并在对方技术人员的亲自指导下进行，确保雾滴大小适中（雏鸡适用 3~10 毫米的雾滴，成鸡适用 0.5~3 毫米的雾滴）。

③操作时使喷头在鸡的上方距离鸡 50~80 厘米，均匀喷雾直至鸡背部有潮湿感，喷雾免疫用水量 250 毫升/1000 羽鸡。

④喷雾免疫主要适用于肉鸡养殖场生产上为控制病毒感染性的呼吸道疫病而在 1 日龄免疫新城疫-传染性支气管炎二联活疫苗。

4）滴鼻与点眼、滴口免疫

①一般滴鼻、点眼、滴口同时进行，多用于 1 月龄内的小鸡的新城疫-传染性支气管炎二联苗，传染性喉气管炎的免疫。

②将疫苗溶于 15℃ 左右的疫苗专用稀释液或灭菌生理盐水或蒸馏水中。

③滴鼻点眼操作时，右手持滴瓶，保持滴瓶口垂直向下且不要来回改变姿势，左手的食指和中指轻轻夹在鸡脖两侧，左手的大拇指、无名指和小指将鸡的身体抓起来，使鸡处于侧卧位，而一侧眼睛和同侧的鼻孔向上，抓住时机将疫苗距鼻孔或眼、嘴 0.5~1 厘米高处以自然滴落的方式滴入鸡的眼睛和鼻孔，1 滴药液 0.025~0.03 毫升；操作完成后将左手逆时针转动使鸡的肚皮向上，此时鸡嘴向上再将疫苗滴入口中。

④使用滴鼻免疫时，要等疫苗吸入后再放鸡（滴鼻时可捏住嘴促进吸收）。

⑤接种完毕，双手应立即洗净、消毒。

⑥剩余的疫苗连同疫苗空瓶等燃烧或煮沸消毒。

5）皮下注射免疫

①充分准备：根据需要免疫接种的鸡只和鸡群的大小准备适宜型号和足够数量的针头；并在免疫接种前对注射器、针头等用具采用高温高压煮沸消毒；在注射过程中要勤检查注射器的密封性，勤换针头。

②注射部位与进针方向：一般选在肉鸡颈部背侧下 1/3 皮下，注射时用食指和拇指将鸡的颈背部皮肤捏起呈三角形，沿着该角形的下部刺入针头，针头方向向后向下（与颈部羽毛的方向相反，自上而下下针）与颈部纵轴基本平行，深度为雏鸡 0.5~1 厘米，成鸡可插入 1~2 厘米。

③接种的顺序：应先接种健康鸡群，再接种可疑鸡群，最后接种病鸡。

6）肌内注射免疫

①部位：胸肌或肩关节附近肌肉丰满处。

②进针方向、深度：针头的方向应与胸骨大致平行。插入深度为雏鸡0.5~1厘米，成鸡1~2厘米。

③不要在左侧胸部竖刺。

7）刺种免疫

①操作方法：用专用的接种针蘸取稀释好的疫苗，将针头刺入翅膀内侧的无血管三角区。

②注意事项：一是确保每次刺种针头都蘸到疫苗。二是刺种一周后检查刺种部位，若出现绿豆粒大小的小泡，说明刺种成功，否则重新刺种。

饮水免疫、喷雾免疫与拌料免疫（少用，略）是群体免疫方法，点眼与滴鼻（滴口）、皮下注射、肌内注射、刺种是个体免疫方法。

8）免疫操作常规与注意事项

①应先用小围栏围住300~500只鸡，密度不应太大，防止挤伤、压伤，免疫鸡与非免疫鸡严格分开，围栏要求牢固、严密，严禁鸡窜来窜去。

②应轻抓轻放，尽可能减少应激，放鸡高度应小于50厘米，严禁乱扔，严防摔伤、肝破裂甚至致死。

③免疫前应详细了解免疫接种日期、免疫种类、接种鸡群数量与日龄、免疫前后注意事项，计算及备妥所需疫苗的数量，并检查疫苗质量。

可在免疫前1~3天给免疫鸡群投喂抗生素、电解多维等。

免疫后1天禁饮消毒剂及禁用庆大霉素、氯霉素、磺胺、病毒灵，适当停食。

④准备足够的免疫器械、疫苗、滴瓶、灭菌蒸馏水、清洁饮水或生理盐水、消毒药品与消毒剂等。

⑤在实施接种前应对鸡群进行观察，确认无病后方可免疫。对疑似衰弱、病残鸡应先行隔离，缓免。

⑥所使用疫苗必须不过期、不失效、无瓶破裂，具有疫苗的特定性状。

⑦疫苗从冰箱取出后，自然升温1~2小时，稀释后的弱毒疫苗必须在2小时内用完，油剂苗可在24小时内用完。

⑧免疫用的注射器、针头、滴瓶需煮沸消毒。

⑨疫苗空瓶及污染物应烧毁，或集中化学消毒处理。

3. 合理用药

科学合理选药用药总的原则是：充分考虑饲养环境条件，对症下药，注意药物的质量和用量（饮水给药："根据一定的配药浓度和一定的饮水给药来控制药量"比"根据体重计算给药量"好掌握）用法、配伍禁忌和副作用以及病原微生物的耐药性（肉仔鸡一般 3～5 天为一个疗程）。在尽可能的情况下，主次齐抓，急缓兼顾，各有侧重；在不得已的情况下，先主后次，先急后缓，全面安排。

4. 健康监测

（1）肉鸡疫病监测

1）沙门菌

应通过血液凝集试验检测鸡血液中特定抗体进行监测。

2）霉形体

用快速血清凝集试验，或用特异性、单独或混合的商业化 ELISA 试剂盒对父母代种鸡血样中败血性霉形体和滑液囊霉形体进行日常检测。通过 PCR 试验或细菌培养以确认。应该注意采用快速血清凝集试验与 ELISA 试验有可能产生假阳性反应，特别是检测 1 日龄雏鸡的时候。

3）其他疾病

通过血清学监测诊断新城疫（ND）、传染性支气管炎（IB）等，粪检球虫（15～20 日龄）等。

（2）免疫效果监测

免疫鸡群至少每栋鸡舍检测 20 个样本及不同的血清学检测项目来测定抗体水平。检测方法包括血凝抑制试验、琼脂扩散试验或酶联免疫吸附试验。应该根据免疫程序制订血清学检测计划（AI、ND、IBD、MD 等），建立自己的数据库。

（3）监测方法

1）样本数量：一般检测群体 5％的样本数（95％的可信度）。对于父母代种鸡常规饲养群体（大于 500 只），每个检测群体应该采集 60 个样本，在开产前 140～154 日龄（20～22 周龄）应检测 10％或最少 100 个样本，特别是检测霉形体与沙门菌时。检测频率因疾病种类和贸易需求而有差异。

2）几种主要样本采集

①血样的采集

常用鞘内静脉采血。用细针头刺入静脉，让血液自由流入集血试管（瓶）中。不可用注射器抽取。

也可以用心脏穿刺采血。右侧卧保定，用细针头从左侧胸骨鞘前端至背部下凹处连接线的中点（触摸搏动最明显）垂直皮肤刺入 2～3 厘米，连接注射器吸取血液。

②拭子的采集

取无菌棉签，轻柔地插入肉鸡喉（喉拭子）头内或泄殖腔（泄殖腔拭子，插入肛门 3～4 厘米）内，紧靠喉或泄殖腔黏膜转动 3～5 圈后，取出，迅速插入拭子管（或离心管）内并拧紧螺帽，贴好标记。

③鸡粪样品的采集

做病毒、细菌分离鉴定应从泄殖腔中用拭子采集新鲜的粪便，方法同"拭子的采集"。做寄生虫检验的鸡粪样品可用前法采集新鲜粪便，也可采集新排出的鸡粪。

④实质器官样品的采集

一是以锋利的手术刀片采集实质器官上典型病灶与邻近正常组织交界处（厚度 0.5 厘米，面积 1～2 厘米^2）组织块（若有不同的病变，则要同时各取 1 个样本），迅速放入 10 倍于组织块的 10%福尔马林溶液中固定，防止挤压、刮摸和水洗，并在 0～4℃的条件下送实验室做病理组织学检验。二是先用烧红的手术刀片烧烙具有典型病变的组织表面（尸体高度腐败时可取长骨、肋骨的骨髓），并在烧烙部位刺一小孔，再用灭菌处理好的铂金耳伸入小孔内掏取少量组织涂片镜检或划线接种于适宜的培养基上作细菌培养进而分离。三是在无菌技术条件下切取具有典型病变的组织块放入冷藏甚至冷冻容器中，或浸入盛有 pH 值为 7.4 的汉氏液/磷酸缓冲肉汤保护液（加入青霉素、链霉素各 1000 国际单位/毫升）的冷藏瓶内送实验室做病毒检验。

⑤肠管和肠内容物样本的采集

一是先用无菌缝线扎紧具有突显病变的肠管（5～10 厘米）两端，然后自扎线处外侧剪断，再将目标肠管置于冷藏容器中送实验室检验。二是烧烙具有典型病变的肠壁表面，用吸管扎穿该烧烙肠壁从肠腔内吸取内容物（甚至可以直接剖取具有典型病变的肠管中的内容物）放入盛有灭菌的 30%甘油盐水缓冲保存液中送实验室检验。

3）实验室检验

送专门的实验室做专业检验。

第二节　肉鸡常见疫病的防治

肉鸡特别是肉仔鸡生长速度快、生产周期短、机体的抗病力不够完善，因此其发病具有其他家禽甚至家畜的共性，但更有其特性。现根据生产实践中常常出现的一些病例，发病原因（含病原）、发病（流行）特点、临床表现、病理特征、诊断要点和关键防治措施等进行归纳、总结（表6-5）。

表6-5　肉鸡疫病防治表

一、鸡新城疫	
病原	副黏病毒属的新城疫病毒（NDV）
流行特点	①鸡（无品种、性别差异，雏鸡多于成年鸡）最易感，火鸡也可感，鸭、鸽感染发病呈增多趋势；②一年四季均可发病，但以春、秋多见；③传播与感染途径多；④非典型和多重感染病例呈增多趋势
临床表现	①最急性：不见明显病状而突然死亡。②急性：体温43～44℃，神差纳少、缩头闭眼、离群呆立，冠髯发紫，张口甩头，发"咕咕""咯咯"的叫声，流淡黄色酸臭黏性口水，嗉囊内充满气体或液体，拉稀，母鸡产软蛋、少蛋甚至无蛋，2～5天内死亡。③亚急性或慢性：病初有急性病状，随后表现神经症状，如肢瘫翅垂、转圈后退、头偏或头后仰，常拖延到一周后才死亡甚至耐过
病理特征	冠发紫嗉盈胀，胸腺灰红肿大出血，气管内有黏液，腺胃黏膜或乳头出血，食管与腺胃、腺胃与肌胃交接处有出血斑或出血带、溃疡，肌胃角质膜下出血或溃烂，小肠黏膜枣核状出血或坏死、溃疡，盲肠与直肠黏膜和冠状沟与腹腔脂肪出血
诊断要点	①未免疫或免疫已过期或免疫有失误；②患鸡拉稀、发"咕咕"声、有神经症状；③剖检见腺胃黏膜、肌胃角质膜下、小肠出血；④抗感染治疗无效
关键控制措施	①做好平时防疫工作；②强化免疫接种。7～10日龄弱毒苗（Ⅱ系、Ⅳ系或克隆-30）首免，25～30、60～70、120～140日龄二、三（Ⅰ系）、四免，后每隔2～3个月免1次；③落实扑疫措施，加倍量紧急接种Ⅰ系或Ⅳ系苗；④喂服"康毒威"1克/羽，3次/天，连用7天

续表1

	二、禽流感
病原	A 型流感病毒（AIV）　　$H_1 \sim H_{15}$-血凝素表面抗原，$N_1 \sim N_9$-神经氨酸酶表面抗原，H_5、H_7-高致病性（HP）血清型，低致病性（MP）血清型
流行特点	①家禽都易感，其中以鸡和火鸡最敏感，可成批死亡；其次是野鸡和孔雀；鸭、鹅、鸽有隐性感染，也有发病死亡。②可直接接触传播，更可经气溶胶及其他 AIV 污染物微粒间接接触传播，还有垂直传播、吸血昆虫传播。③无季节性，但以冬末春季多发
临床表现	①患鸡神差纳少、消瘦、扎堆、被毛逆立；②轻到重度的呼吸道病状，如咳嗽、打喷嚏、啰音、流泪；③头颈部水肿，无毛皮肤（如鸡冠内垂）发绀、出血、坏死；④脚鳞出现紫色出血斑等
病理特征	①轻症的病变可见鼻窦有卡他性、纤维素性、脓性或干酪性炎症，气管黏膜水肿有渗出物；②最急性死亡的鸡常无肉眼可见病变，仅见心脏浆膜面和心冠脂肪上的出血点；③病程稍长的死鸡肿大，头颈部皮下黄色胶样浸润和出血；④左心耳、大动脉根和心内膜出血，内外膜有条纹状坏死；腺胃、肌胃、盲肠扁桃体等黏膜出血，腺胃与肌胃交界处有出血带；肝、脾、肾淤血肿大甚至有肝破裂、坏死（点）
诊断要点	①据发病特点、症状（头颈部水肿，鸡冠内垂发绀、出血、坏死，脚鳞紫色出血斑）和病变（肿大头颈部皮下黄色胶样浸润和出血，肝、脾、肾淤血肿大甚至有肝破裂、坏死）可初诊；②确诊需做病毒分离鉴定：血凝（HA）和血凝抑制试验（HI）、琼脂扩散试验（AGP）、神经氨酸酶抑制试验（NIT）、病毒中和试验（VN）、酶联免疫吸附试验（ELISA，双夹心酶联免疫吸附试验 DAS‐ELISA）和聚合酶链反应（PCR）
关键控制措施	①强化消毒灭源措施，封锁、扑杀销毁 HPAI 患禽，以严格的生物安全措施大力控制本病传播。②疫苗免疫。H_5、H_9 型禽流灭、活苗对同亚型 AIV 引起的疫病有较好保护作用。肉鸡首免时间为 16～20 日龄，二免时间为 45～55 日龄，三免时间为 110～120 日龄，三免后每隔 4 个月补免 1 次
	三、传染性喉气管炎
病原	传染性喉气管炎病毒
流行特点	①主要感染鸡，引起各龄鸡发病，但以成年肉种鸡（4～10 月龄）症状最严重；野鸡、幼火鸡也可感染；②常突然发生，传播迅速，发病率＞85％、致死率常在 10％～20％（严重的达 60％）；③主要经呼吸道和眼感染，也通过蛋传播；④一年四季可发，但冬春季多发

续表 2

临床表现	鼻流透明黏液，呼吸时发出"咯噜咯噜"声，有头颈向前向上方张口尽力吸气的特殊姿势；病重鸡强烈咳嗽，可咳出带血黏液。病程 7～30 天，多在 10～14 天恢复
病理特征	①喉、气管黏膜潮红肿胀，有严重的出血；②气管管腔变窄，内有多量含血黏液或黄白色纤维性伪膜；③下眼睑水肿和上下眼睑粘连，角膜混浊，结膜充血水肿，偶有出血点
诊断要点	①据发病特点、症状和病理变化可初诊；②取病料接种 9～11 日龄鸡胚绒毛尿囊膜，3 天后绒毛膜上出现灰白色痘斑状病灶和核内包涵体；③取气管分泌物或鸡胚培养物刷涂于健康鸡泄殖腔黏膜上，4～5 天出现红肿和热痛反应；④间接荧光抗体法（IFA）；⑤琼脂免疫扩散试验（AGID）
关键控制措施	①尚无特效治疗药物，但以抗菌药控制继发感染并对症治疗（如添加清热解毒利咽喉的中药或中成药牛黄解毒丸、喉症丸等）可减少死亡；②隔离，消毒；③接种疫苗预防。弱毒苗只在疫区或发生过本病的地区使用，未使用弱毒苗的场以及紧急接种应用灭活苗，已用弱毒苗的场不能突然停用疫苗

四、传染性支气管炎

病原	传染性支气管炎病毒（IBV）
流行特点	①只引起鸡发病，无年龄、性别和品种差别，但多见于 7～28 日龄的鸡，且幼龄鸡死亡率高（25％以上），42 日龄以上的鸡常不发生死亡；②有雉、鹌鹑和孔雀感染的报道；③可经呼吸道和消化道感染，也可经蛋垂直传播，传播迅速（同群鸡 48～72 小时内显病状）；④一年四季可发，但秋冬季易流行
临床表现	IBV 自然感染的潜伏期 1～7 天（均 3 天），有呼吸型（经典型）、肾病变型、腺胃病变型、肠病变型和其他等多种不同临床表型，其共同表现特征有：①全身症状明显；②病鸡咳嗽，有气管啰音，张口伸颈呼吸；③肉种母鸡产蛋量下降，蛋壳粗糙，产软蛋和畸形蛋；④病程 1～2 周或 3 周
病理特征	①鼻腔、气管、支气管中浆液性渗出物；②在气管下端、支气管中有黏液或干酪样阻塞物；肺出血明显；气囊混浊或含黄色干酪样渗出物；③产蛋肉种母鸡腹腔内可见卵黄样液体，卵泡充血出血、变形；④肾型病变主要是肾大、苍白，肾小管和输尿管中有尿酸盐沉积而充盈扩张，呈斑驳状"花肾"外观；⑤腺胃病变主要有肿胀、出血、溃疡，腺胃乳头平整融合、轮廓不清、可挤出脓性分泌物

续表 3

诊断要点	①据发病特点、症状和病理变化可初诊；②动物试验：给健康鸡接种患鸡气管分泌物，36 小时后出现典型症状者可确诊；③取病料接种 9～11 日龄鸡胚，几次继代后可出现特征性的"卷曲胚"；④血清学试验：AGP、IH、VN试验和 PCR 技术
关键控制措施	①无特效治疗法，但肾型传染性支气管炎加补液盐或解毒利尿药物饮水可减轻病情；②加强饲养管理，改善饲养环境；③推行全进全出，健全消毒制度；④免疫接种：一般在 7～12 日龄（环境中有野毒时可提前至 3～4 日龄）用 H120 传染性支气管炎弱毒苗滴鼻加多价灭活苗注射作为首免；7 周龄以上的鸡接种 H52 传染性支气管炎弱毒苗作为加强免疫；IBV 和 NDV 二价灭活苗已广泛应用
五、传染性法氏囊病	
病原	传染性法氏囊病毒（IBDV），有 Ⅰ 型、Ⅱ 型 2 个血清型
流行特点	①仅有鸡染病（火鸡、鸭、珍珠鸡感染带毒），3～6 周龄最易感而常在 3 周龄后出现死亡，成鸡和 1 周龄左右的鸡也可染病；②IBD 是高度接触性传染病，病鸡粪中排毒 3～14 天或更久而污染传播媒介（如饲管工用具、转运车辆等），持续保持感染性，经口感染，2～3 天后发病，传播快；③无明显的季节性，但 4～7 月多发
临床表现	①精神沉郁、呆立嗜睡，羽毛蓬松，翅下垂或蹲伏不起，震颤畏寒；②食欲下降或废绝，排黄白色或白色水样粪便；③法氏囊明显肿胀，内有胶冻渗出物，后期萎缩；有的患鸡自啄泄殖腔；④趾爪脱水干燥；⑤7 日龄左右感染的雏鸡常病情轻但免疫抑制；⑥发病后 3～4 天出现死亡高峰，经 5～7 天死亡数减少
病理特征	①病死鸡胸、腿肌有针尖大的出血点或出血斑；②腺胃、肌胃交界处有出血带；盲肠扁桃体肥大、出血；③肾大、灰白色，输尿管肿胀、白色尿酸盐沉积；④示病性病变在法氏囊：病初（感染后 2～3 天）法氏囊高度水肿、充血而变圆，上覆淡黄色胶冻样渗出物，表面的乳白色纵行条纹明显；到第 4 天肿胀至正常的 2～3 倍大小并出血呈紫葡萄状；第 5 天恢复正常大小，以后萎缩呈灰色、内含炎性分泌物或黄色干酪样；第 8 天呈深灰色的纺锤形，仅正常的 1/3 大，内含干酪样物
诊断要点	①临床综合初诊：鸡群突然在 3～6 周龄成批发病、尖峰式死亡；排黄白色水样便；毛蓬松、不活动；法氏囊水肿、出血；胸、腿肌有针尖大的出血点或出血斑。②病毒分离。③血清学试验：AGP、ELISA、中和试验（VN，可鉴别血清型）和 PCR 技术

续表 4

关键控制措施	①加强饲管，严格卫生消毒。②常规免疫：以中等毒力疫苗首免于 10～17 日龄（母源抗体 AGP 阳性率<80％）或 14～20 日龄（>80％，隔 7～10 天再检<50％）或 17～24（再检>50％）日龄，肉种鸡 3 周后二免，在（10～20）/（40～42）周龄分别用油乳剂灭活苗加强。③治疗：初期可注卵黄抗体或异源高免血清治疗，紧急接种 2 倍量中等毒力疫苗；中期宜采用"提高鸡舍温度 1～2℃和维生素用量、降低粗蛋白至 15％、添加适当抗生素防继发感染，避免应激"等保守疗法

六、鸡痘

病原	鸡痘病毒
流行特点	①主要发生于（各种年龄、性别和品种的）鸡和火鸡，鸽也可发生，鸭、鹅易感性低；②雏鸡、中雏多发且死亡率高（可达 50％）；③一年四季都可发，但夏秋冬三季易流行，气温高的季节多见皮肤型鸡痘，冬季以黏膜型（白喉型）鸡痘多；④经皮肤或黏膜伤口感染，库蚊等吸血昆虫是传播媒介
临床表现与病理特征	①皮肤型：鸡冠、肉髯、眼睑、喙角和泄殖腔周围、翼下及腹部、腿部等无毛或少毛的皮肤上生出灰白色小结节，渐次成为红色小丘疹、黄色或灰黄色痘疹硬结，再融合成干、糙的棕褐色疣状结节。②黏膜型：患鸡口、喉、气管黏膜表面黄白色小结节，融合成黄白色干酪样伪膜，去伪膜留红色溃疡面；张口呼吸并发出"嘎嘎"声。③混合型：皮肤和黏膜同时有病变，病重死亡率高
诊断要点	依据患鸡鸡冠、肉髯等无毛或少毛的皮肤上的灰白色痘结病灶，以及口腔和咽喉部的黄白色干酪样伪膜等可以作出较为肯定的诊断
关键控制措施	①无特效疗法，多对症治疗，如必要时小心剥离痘痂、伪膜或挤出眼部干酪样物质，用 0.1％高锰酸钾溶液或 2％硼酸溶液冲洗创面后涂抹上适当药物。②免疫接种：取鸡痘鹌鹑化弱毒苗用 50％甘油生理盐水稀释 100 倍后，以接种针蘸取疫苗在鸡翅内无血管处皮下刺种（1 月龄内雏鸡刺 1 下，1 月龄以上的鸡刺 2 下）

七、鸡马立克病（MD）

病原	鸡马立克病病毒（MDV）
流行特点	①鸡是 MD 的自然宿主（鹌鹑、火鸡可感染），不同品系或品种的鸡都可感染，但狼山鸡、北京油鸡和伊沙、罗曼、海赛等品种鸡最易感；②感染日龄对 MD 的影响很大：出雏和育雏期的早期感染发病率、死亡率都很高，但发病高峰在 8～9 周龄，产蛋群则在 16～20 周龄甚至 30 周龄；年龄大的鸡可感染但多数不发病；③母鸡比公鸡易感性高、潜伏期短；④应激、皮质类固醇饲料或隐孢子虫和免疫抑制病毒混合感染等促进本病发生或加重病情

续表 5

临床表现	①急性暴发时以鸡群严重委顿起，几天后部分鸡共济失调，一肢或多肢不对称、进行性不全麻痹或完全瘫痪（一条腿前伸一条脚后伸、翅下垂）；②低头或斜颈、嗉囊麻痹扩张或喘息；③虹膜呈同心现状或点状褪色，甚至呈弥散性灰色浑浊，瞳孔边缘不整齐或呈缩小至针尖大小，失明；④病程 4～10 周，发病率、死亡率场间悬殊
病理特征	①单侧的或节段性的神经（腹腔、前肠系膜、臂和坐骨神经丛、Remak 氏神经、内脏大神经）明显肿大、横纹消失、褪色；②内脏（卵巢、肺、心、肠系膜、肾、肝、脾、胰、腺胃和肠道）长有大小不等、质地坚硬、苍白色、单个或多个结节状肿瘤，呈弥散性浸润时器官明显增大；③法氏囊萎缩；④毛囊融合成淡白色结节，甚至形成褐色痂皮
诊断要点	①据发病特点、症状和病变可初诊；②病毒分离与鉴定；③抗原抗体检测：FA、AGP、ELISA 试验和 PCR 技术
关键控制措施	①无有效治疗法；②生物安全和遗传抗性；③疫苗接种：火鸡疱疹病毒冻干苗，按说明书的头份和注射剂量加入专用稀释剂稀释，每羽 1 日龄雏鸡皮下注射 0.2 毫升（含 2000 个蚀斑单位）。18 日龄鸡胚接种和 2 次免疫可改善免疫效果，可以效仿

八、禽大肠埃希菌病

病原	大肠埃希菌（E.coli，G−），体内和自然界常在菌。在雏鸡中常见的有 O_1、O_2、O_{78}，其次是 O_8、O_{15}、O_{18} 等血清型。不同地区、不同鸡场的流行菌株血清型可能不同
流行特点	①感染各种类型和不同日龄鸡，以幼龄（5～8 周）鸡特别是雏鸡发病最多；②可经消化道、呼吸道感染，蛋垂直传播；③全年发，但冬春寒冷、阴雨潮湿和气候多变季节多发；④饲养管理不良、环境卫生差、其他疫病危害等可诱发或促进本病
临床表现和病理特征	①败血型：主要症见于 10 日龄以内的肉用仔鸡，不明原因突然死亡或病雏神差纳少，羽毛松乱，拉黄白稀粪甚至粪便堵塞肛门；剖见卵黄吸收不良、肿大甚至充盈整个腹腔、卵黄囊黄绿色、内充黄色水样或黏稠液体，肝淤血、散在出血点，气囊混浊，肾大出血。②内脏（浆膜炎）型：主要症见于中雏和育成鸡，精神差，少饮，食欲增加，嗜睡，体瘦，毛蓬乱，白色水便氨味重，腹部胀大击水声。尸检体内脏器表面有大量黄色纤维素性蛋白物质覆盖如绒毛状心，气囊混浊、乳白色呈毛玻璃样；体腔里积有大量容易凝固的黄色液体。肝肿大呈暗红、黄红色，被膜下有密集的出血点和大小不等的黄白色坏死点（斑）；脾有针尖大小出血点。③其他型：包括皮肤型（肉鸡）、头型（4～6 周龄肉鸡）、神经（脑）型、关节型等

续表6

诊断要点	①据发病特点（急性死亡、拉黄白色稀便）、症状和病变（脏器纤维素性浆膜炎等）可初诊；②细菌分离与鉴定
关键控制措施	①调适鸡群密度、（保）温湿度，注意通风换气、消毒。②接种菌苗：菌毛油乳剂（亚单位）苗优于油佐剂甲醛灭活苗优于氢氧化铝甲醛灭活苗，有条件者还可用自家多价灭活苗。③以药敏试验为据选用高敏抗生素或磺胺类药物拌料或饮水治疗

九、鸡白痢

病原	鸡白痢沙门杆菌
流行特点	①易流行于鸡和火鸡群中，其他家禽、鸟类可感染但少见，哺乳动物家兔最易感，豚鼠和猫易感，人有生食带菌鸡蛋发生急性胃肠炎的。②白色轻型鸡种的阳性率、发病率、死亡率明显低于红（褐）色和花色重型鸡种；小公鸡发病率低于小母鸡。③既可经种蛋垂直传染，也可经消化道、呼吸道、眼结膜、交配或伤口而感染。④各年龄鸡都可发病，常致3周龄以内雏鸡发病死亡，近年1～4日龄雏鸡和青年鸡发病率、死亡率明显升高。⑤饲养管理条件是影响本病的发生和流行的重要因素
临床表现	病状多样化。主要是死胚、弱雏，患雏神差纳少，眼半闭呈睡眠状，两翅下垂；怕冷、身体蜷缩如球状，在热源周围扎堆，少走动，颜面苍白，尖声鸣叫；拉白色或黄白色糨糊状粪便，常见泄殖腔周围绒毛上黏结着石灰样粪便即"糊屁股"
病理特征	剖检以肝（肿大呈青铜色或古铜色，质脆而硬，紫红色出血点及黄白色坏死点）、肺（散在粟粉大小的灰白至灰黄色坏死结节）、心（心外膜炎，黄色"肿瘤样"结节）、肌胃和盲肠（肠壁增厚，内有干酪样堵塞物，有时混有血液）等器官的灶性坏死或结节为主。胆囊、脾肿大，肾充血贫血，输尿管充满尿酸盐扩张，常有腹膜炎
诊断要点	根据流行特点（7～12日龄多发、2～3周龄死亡达到高峰，死亡率高）、症状（精神沉郁、畏寒、生前拉白痢"糊屁股"、呼吸困难）和病变（心肝肾坏死结节）可初诊
关键控制措施	①落实综合卫生管理措施，特别是检疫、淘汰是防治和净化本病的关键。②以药敏试验为据选用高敏药物拌料或饮水治疗。③特异性治疗：给6日龄以内雏鸡皮下注射高免血清0.5～1.0毫升/羽或给3～6日龄雏鸡口服0.5毫升高免蛋黄液治疗有确效

十、禽霍乱

病原	多杀性巴氏杆菌

外伤，昆虫也是传染媒介。③无明显季节性，但春秋两季多发。④诱因促病作用大 |
临床表现和病理特征	①最急性型：未见明显异常而突然有1~2只肥壮或高产母鸡死于栖架下或鸡舍（窝或笼或产蛋箱）中。剖检仅见鸡冠肉髯紫红色，心外膜有出血点，肝脏表面有针尖大小的灰黄色或灰白色的坏死点。②急性型：患鸡冠肉髯黑紫色，缩颈闭眼离群立，毛蓬松、翅下垂，呼吸快、鼻流带泡沫的黏液，剧烈下痢、排灰黄色或绿色甚至带血粪便，食欲废绝、饮欲增强，体温升高达43~44℃，1~3天后死亡。剖见鼻腔内有黏液；皮下组织和腹腔中的脂肪、肠系膜、浆膜、黏膜上有出血点；体腔内、气囊和肠系膜上有淡黄色纤维素性或灰白色干酪样渗出物；肠系膜充血出血；肝脏肿大呈棕红（或黄）色或紫红色、质脆、表面密集灰白色或灰黄色的坏死点（斑）和出血点；心包内积有混杂丝或索状纤维素的淡黄色液体，心冠脂肪、冠状沟和心外膜上有出血点。③慢性型：鸡冠肉髯水肿、苍白、干酪样坏死；关节炎性肿大、有干酪样物
诊断要点	根据发病特点（鸡、鸭、鹅等禽都有发病死亡的现象）、症状（出血性肠炎）和病变（肝脏表面的灰白色坏死点）以及抗生素或磺胺药治疗有效等可以初诊
关键控制措施	①良好的饲养管理和兽医卫生。②扑杀重病鸡，治疗轻病鸡（以药敏试验为据选用高敏抗生素或磺胺类药物拌料或饮水或肌注），紧急免疫可疑鸡群和健康鸡群（肌内注射禽霍乱油乳剂灭活苗0.5毫升/羽或禽霍乱脏器组织灭活苗2.0毫升/羽或皮下注射Fj083禽霍乱弱毒苗）。③预防接种：可灵活选用禽霍乱氢氧化铝或油乳剂菌苗和禽霍乱731或G190E40弱毒苗，按适当免疫程序和产品使用说明书使用
十一、支原体病		
病原	鸡毒支原体（MG）
流行特点	①鸡和火鸡易感，鹌鹑、鹧鸪、珍珠鸡和鸽也可感；②30~60日龄的肉仔鸡特别是纯种鸡发病率、死亡率比成鸡高，在大群饲养中常呈流行性，但多为慢性经过，有继发感染时死亡率可达30%；③主要经呼吸道和蛋传染，传播媒介多；④寒冷季节多发；⑤不良应激因素可促进发病或加重病情

续表8

临床表现	①流浆液性和黏液性鼻液，初期为透明清水样后变为黄稠，常见一侧或两侧鼻孔冒气泡，打喷嚏、摇头，企图甩出鼻分泌物；②有时伸颈喘息、咳嗽，张口呼吸困难，呼吸时发出水泡声响；③窦部肿胀，眼部突出，一侧或两侧眼有结膜炎，休眠、流泪，重则失明；④多为慢性经过，病程1个月以上
病理特征	①剖见患鸡鼻腔、副鼻窦、气管、支气管和气囊卡他性渗出液：淡黄色、混浊的黏液，恶臭；②气囊（多见于胸膜气囊）膜增厚，混浊，有淡黄色或灰白色干酪样渗出物或外观呈念珠样的增生病灶；③严重的慢性病例眶下窦积聚混浊黏液和脓性干酪样物质，眼结膜充血，眼睑水肿或粘连，还可见纤维素性肝被膜炎和心包炎
诊断要点	①据发病特点、症状和病理变化可初诊；②细菌分离培养；③取病料接种7日龄鸡胚卵黄囊，5～8天死亡，检查死胚；④快速全血玻板凝集试验（RSA）或微量血凝集试验（IH）或酶联免疫验（ELISA）
关键控制措施	①链霉素、卡那霉素及其许多广谱抗生素如金霉素、土霉素、四环素、红霉素、泰乐菌素、氟苯尼考、林可霉素、支原净等都对本病防治有效，喹诺酮类药物有显效；②综合性防治：良好的饲管、圈舍卫生和保健方案最关键；③疫苗免疫是方向，国内目前多用白油佐剂灭活苗免疫15～30日龄肉种鸡的雏鸡，以控制和防止用药频繁地区的本病垂直传播

十二、传染性鼻炎

病原	副鸡嗜血杆菌（G－）
流行特点	①任何年龄的鸡都易感（幼龄鸡不严重，发病的则多见于28日龄以上的鸡），也有野鸡、鹌鹑、珍珠鸡发病；②感染途径主要是呼吸道，可借空气传播；③多流行于秋冬两季；④不良应激因素可促进发病或加重病情；⑤发病快，病程常为4～21天，但饲管条件不良可延长病程
临床表现	①病初鼻流清涕，后变成黏性或脓性鼻涕，打喷嚏；②眼睑、肉髯水肿甚至面部肿胀，结膜炎；③常摇头，呼吸困难；④关节炎和败血症；⑤随着病情延长或继发感染的发生，鸡群中有恶臭
病理特征	①鼻腔、鼻窦有卡他性炎症，内含黏液或干酪样物；②眼睑、肉髯甚至面部水肿，结膜炎；③严重时见气管炎、气囊炎和肺炎病变
诊断要点	①据发病特点（发病急、传播快、死亡少）、症状（面部水肿、流鼻液）和病理变化可初诊；②取培养物或分泌物接种健康鸡，24～48小时发病（自然感染潜伏期24～72小时）；③病原分离；④血清学诊断：SGP和AGP、IH试验、ELISA、DNA探针和PCR技术

续表 9

关键控制措施	①改善饲管条件：清洁、清洗、消毒、通风、营养丰富全面；②磺胺类药和抗生素（庆大霉素、新霉素等）有较好疗效，以喹诺酮类药物疗效最佳；药敏试验选 2～3 种药联合用药；③肉种鸡 6 周龄首免、1 个月后二免、开产前再免 A 型灭活菌苗或 A、C 型二价苗

十三、鸡球虫病

病原	艾美耳球虫
生活史	孢子化卵囊→孢子囊→子孢子→滋养体→裂殖体→裂殖子→大、小配子体→大、小配子→合子→卵囊→孢子化卵囊。整个发育需 7 天，体外 1 天、体内 6 天
流行病学	①只感染各种品种、不同年龄和性别的鸡。②柔嫩、堆型、巨型艾美耳球虫常发生于 21～50 日龄鸡，毒害艾美耳球虫常见于 8～18 周龄鸡。③鸡通过啄食、饮水和整理羽毛等吃入卵囊而感染，卵囊随风和各类动物机械传播。④常在温暖潮湿季节（南方 3～11 月、北方 4～9 月）流行，其中南方 3～5 月、北方 7～8 月病情最严重
症状与病变	急性：患鸡精神不振、缩头闭目、离群呆立或扎堆，羽毛松乱，无食欲要饮水，嗉囊充满液体，起初拉带血稀便或水样便，随即拉鲜血便甚至鲜血。随后病鸡运动失调，鸡冠苍白、贫白。一般出现血便后 1～2 天即昏迷或痉挛而死亡，死亡率 50%～80%。多见于柔嫩艾美耳球虫引起 3～6 周龄雏鸡的盲肠球虫病，两侧盲肠显著肿胀、肠壁增厚，浆膜面棕（暗）红色并有白色斑点，黏膜上有出血点，内容物为血液或血凝块或混有血液的干酪样坏死物甚至凝固成栓塞物。柔嫩艾美耳球虫引发大雏和青年鸡的小肠球虫病，中段小肠肠管高度膨胀（2 倍），浆膜面有白色斑点和出血点，黏膜肿胀有出血点，内容物混有黏液、纤维素和坏死物、小血凝块。4～6 月龄以后的鸡或感染其他种类球虫表现为慢性，病情轻、病程长（数周甚至数月），有间歇性下痢（褐色、橙色或粉红色黏液粪）但不带鲜血，渐进性消瘦、足翅轻瘫或产蛋量下降，死亡率低
诊断	根据流行病学、症状与病变、粪便与肠黏膜刮取物镜检等综合判定，作出初诊
关键控制措施	①当鸡群中首次发现带血粪便时应立即选用高敏抗球虫药如妥曲珠利（百球清）等混饮或混饲治疗。②在肉仔鸡整个生长期中持续应用、肉种鸡连续应用（低浓度）抗球虫药 6～22 周后停药以期预防；接种弱毒虫株虫苗或生物工程虫苗实现预防。

十四、组织滴虫病

续表 10

病原	火鸡组织滴虫
生活史	异刺线虫卵→蚯蚓→鸡胃至盲肠孵化火鸡组织滴虫→盲肠黏膜中繁殖为害或通过肠壁毛细血管进入肝脏/胰腺为害→异刺线虫→异刺线虫卵
流行病学	①2 周龄至 4 月龄的肉鸡雏鸡和育成鸡（特别是雏火鸡）易感性强，病情严重，死亡率高，也见于孔雀、鹌鹑和野雉等被捕获的野鸟。成年鸡、火鸡可隐性感染成带虫者。②无季节性，但温暖潮湿的夏季多发。③饲养管理和环境卫生条件不良可诱发和加重本病流行
症状与病变	①患鸡食欲不振，缩头眼闭，离群呆立，羽毛松乱，双翼下垂，步伐不稳。排带泡沫的淡黄色或淡绿色恶臭粪便，急性病例排带血粪便或全血便；也有不下痢的病雏，但便中有盲肠坏死组织。后期头面部皮肤呈紫蓝色或黑色，常痉挛而死。病死率 50%～80%，病程 1～3 周。②示病性病变常限于盲肠和肝脏。一侧或两侧盲肠发炎、坏死，肠管扩张、肠壁增厚，肠腔中充满恶臭的黄灰色、黄灰绿色渗物或干酪样物。肝上出现黄灰色或黄绿色、不规则圆形的中央凹陷、边沿隆起、外周红晕的坏死灶
诊断	根据流行病学、症状与病变（肝脏与盲肠上的特征性病变）等综合判定，作出初诊
关键控制措施	①严格做好禽群的卫生管理，做到雏鸡与成年鸡分开饲养、鸡场干燥清洁与定期消毒、防止鸡粪污染饲料饮水、定期驱杀异刺线虫和蚯蚓，用卡巴肿等混饲预防。②选用 2-氨-5-硝基噻唑（0.1%）或 2-乙胺-5-硝基噻唑（0.05%）等药物混饲治疗
十五、肉鸡腹水综合征	
病因	遗传因素（品种和年龄）；环境因素（缺氧、寒冷）；饲料因素（高蛋白质或高油脂等高能量日粮，高芥子酸与食盐含量，钙、磷或维生素 D 含量低与微量元素和维生素不足，饲料霉变、霉菌毒素中毒，颗粒饲料）；疾病（慢性呼吸道疾病和大肠埃希菌病）及自体中毒性因素等
发病特点	①多发于冬季和早春寒冷季节舍饲的 4～5 周龄的肉用仔鸡，公鸡发病多于母鸡；②各类家禽中均可发生，但以肉仔鸡最多发，特别是快长的肉鸡；③病程 7～14 天，病死率 10%～30%，最高达 50%
临床表现	病鸡精神沉郁，羽毛蓬乱，冠和肉髯发绀；饮水和采食减少，生长滞缓；反应迟钝，行动缓慢，喜匍匐、不愿站立或站立不稳以腹着地如企鹅状；腹围增大，腹部膨胀下垂，腹部皮肤变薄发亮或发紫。病鸡常在腹水出现后 1～3 天内死亡

续表11

病理特征	死鸡全身淤血，腹部膨胀，皮肤变薄发亮甚至发红，皮下水肿，触摸有波动感；胸肌、腰肌不同程度淤血、充血；腹腔内有多量的淡黄色或淡红黄色半透明腹水，混有胶冻样凝块，肝淤血肿大呈暗紫色，表面覆有灰白色或黄色的纤维素絮状物，胆囊充满胆汁；肠道黏膜严重淤血，肠壁增厚，盲肠扁桃体出血；脾大，色灰暗；肾大淤血；心包膜混浊增厚，心包积液，心脏肥大（积有凝血块、右心室肥大）、变形、柔软，心肌色淡带白色条纹；肺弥散性充血、水肿呈粉红色或紫红色，气囊混浊；法氏囊黏膜泛红；喉头气管内有黏液
诊断	根据发病特点（肉鸡、4～5周龄、寒冷季节）、症状（腹部膨大、波动感、企鹅状）和病变（淡黄色或淡红黄色半透明腹水）作出初诊；再找出病因、综合分析即可确诊
关键控制措施	①选育耐受缺氧和腹水症的品系；②科学调制饲料，添加内源性胆汁酸，补充维生素C；③改善饲养条件：调适饲养密度，适时通风换气，适当温度和光照；④早期适当限饲，控制生长速度；⑤治疗：抽出腹水后注入0.05%青霉素普鲁卡因0.2～0.3毫升、1%呋塞米0.3毫升，同时肌注10%安钠咖0.1毫升。饮水中加入0.05%维生素C和适量抗菌药物
十六、肉鸡猝死综合征	
病因	饲养密度过大，环境卫生差；光照时间过长；营养失衡；应激刺激；遗传品种及一些不明原因等
发病特点	①3～35日龄的肉雏常发，但以10～20日龄的发病最多，超过3周龄少。②无季节性。③发病率0.5%～4.0%，死亡率1.0%～5.0%，其中雄鸡发病率占70%～80%，高于雌鸡、生长快的鸡高于生长慢的鸡，饲用高蛋白或高脂肪日粮的鸡发病率低于饲用低蛋白或低脂肪的鸡，但高葡萄糖日粮增加发病率，连续光照比间隙光照、饲养密度大的比饲养密度小的鸡群发病率高。④病程短，发病到死亡1分钟
临床表现	无明显异常的外观，最健壮、个体最大、肌肉最丰满的肉雏突然失控而"嘎嘎"尖叫，向前或向后跌倒，双翅剧烈扇动，继而颈腿伸直，背部着地突然死亡
病理特征	死鸡体壮肉满，嗉囊和食管中充满新鲜饲料，肌胃、肠道内容物充盈；心包积液增多，右心房扩张、内有血凝块，心室紧缩、内无血液；肝稍肿色较淡，胆囊空虚或变小；肺充血水肿；腹膜和肠系膜血管充血，静脉怒张

续表 12

诊断	根据死鸡外观健康、生长发育良好、尸体呈仰卧姿态、嗉囊和食管中充满新鲜饲料、右心房扩张、胆囊空虚或小、静脉怒张，又无确诊的传染病和机械性致死即可确诊
关键控制措施	①提供优良饲养环境，采取间隙光照；②提供优质饲料原料，科学调制饲料，添加植物油和牛磺酸，确保粗蛋白、维生素 A、维生素 D、维生素 E、维生素 B_1、维生素 B_6 含量合理；③给 10～21 日龄的肉雏鸡添加 0.5％碳酸氢钠和 0.3％氯化钾饮水

第三节　肉鸡场废弃物处理及资源化利用操作流程

肉鸡场废弃物是指养鸡生产过程中产生的副产物，包括鸡粪（尿，地面平养时的垫料）、死鸡、孵化废弃物（蛋壳、死胚、臭蛋等）等。鸡场废弃物产量大（一般认为肉用种鸡、肉仔鸡日均产鲜鸡粪量分别为 180 克和 100 克，含水率 70％～75％），氮含量高，生化耗氧量多，又在外界环境中容易转变为硝酸盐而随地表径流和地下水渗透等扩散，还散发恶臭、携带致病性微生物和残留的重金属盐与药物等，如果处理不当，不但会影响场区的清洁卫生，还会对周边环境的水体（地表水、地下水）、土壤、空气等造成严重污染。

一、鸡粪的处理与资源化利用

鸡粪是指途经泄殖腔向鸡体外排出的粪便和尿液等排泄物质的总称，是由未被消化吸收的饲料残渣、消化道黏膜分泌物和脱落物、肠道微生物与代谢产物、机体体内代谢产物等组成的混合物。在实际生产中收集到的鸡粪可能还含有误落的饲料、脱落的羽毛、肉鸡地面平养时的垫料等。

（一）鸡粪的处理方法

1. 干燥处理

国内外主要干燥工艺有：在鸡舍内通风干燥；在鸡舍外发酵干燥；在塑料大棚内利用太阳能干燥；在保温室内对多层传送带上的鸡粪通入热风连续干燥；分批置于密闭容器内加热干燥；置于转筒干燥机内进行高温快速干燥；先用太阳能初干，再用加热终干；置于超高频装置中干燥。

2. 发酵处理

新鲜的鸡粪是不能直接用在田里当肥料的，一定要经过发酵处理，鸡吃下去的饲料，其实有很多没有消化就直接排出来了，比如说各种蛋白质，这个排到土壤当中的话，作物是直接吸收不了的。所以需要通过发酵处理，让各种微生素把这些很难消化吸收的东西进行分解，这样的话，作物才能吸收。

（1）堆粪处理法。在农村比较传统的鸡粪发酵方法就是堆粪处理法，经常是将鸡粪和草木灰及人畜的尿液，按照一定的比例混合搅拌均匀，保证湿度达到 60％左右，然后将混合好的鸡粪进行堆放，外层再用塑料布蒙住，过一段时间之后鸡粪就发酵好了。

鸡粪发酵时间：冬季一般半个月以上，夏季一般 8～10 天。

（2）发酵剂发酵。现在的鸡粪发酵都是在鸡粪中加入发酵剂，用发酵剂发酵比用传统的发酵方法更加具有优势，一般发酵需要 20 天左右，另外在发酵过程中，具有无臭、无味、无害等优点。

（3）沼气处理。就是把鸡粪水等置入厌氧池中进行厌氧发酵，产生沼气，为生产生活提供能源。但沼气处理的副产品沼渣沼液易造成二次污染。

（二）鸡粪的资源化利用

1. 鸡粪是良好的饲料资源

鸡粪中粗蛋白 25.03％～31.74％、粗脂肪 2.34％～5.13％、粗纤维 11.32％～15.73％、粗灰分 22.14％～35.63％，富含 Cu、Zn、Mn、Mg、Na、K、Fe 等多种矿质元素和 B 族维生素，对动物生长发育具有很高的营养价值，是良好的饲料资源。通过干燥法、热喷法（将预干至含水 25％～40％的鸡粪装入专用压力器中，密封后再输入高压水蒸气，在 120～140℃ 保压 10 分钟左右后突然减至常压喷放）、化学法（主要包括硫酸亚铁去臭处理法、福尔马林处理法，处理的鸡粪可成为水产类和畜禽动物饲用的优质饲料）、青贮法及其发酵法等方法处理鸡粪消除了其致臭物质、杀灭了有害微生物，降低了有害物质残留，提高了鸡粪再生饲料的适口性、安全性和贮存性。

充氧发酵、自然厌氧发酵、青贮（堆贮或窖贮）发酵的鸡粪与饲料混合是牛羊等反刍动物的理想饲料。已有研究证实，在奶牛、肉牛、后备牛与越冬母牛日粮中分别可添加占干物质质量 25％～30％、40％、70％的鸡粪；在种羊、生长期羔羊日粮中分别添加鸡粪垫料青贮料的量最高可达 50％、70％（以含铜量不超标为原则）。

鸡粪可以直接喂食鲶鱼、鲢鱼、罗非鱼等，也可以让鱼采食用鸡粪培育的水生动、植物而间接利用。干燥处理后的鸡粪可占鱼料的 30%，1 羽肉仔鸡的鸡粪可以生产 3~4 千克鱼。

鸡粪还可以饲喂猪（猪日粮中可加入 4%~7% 的鲜鸡粪，或 20% 以内的发酵鸡粪）和鸡（适宜用量最高可达 10%）。

2. 鸡粪是良好的肥料资源

据测定，1 吨鸡粪垫料混合物，大约相当于 160 千克硫酸铵、150 千克过磷酸盐和 50 千克硫酸钾。而且鸡粪有机肥可以促进土壤微生物活动，改善土壤结构，减少水土流失。

3. 鸡粪是良好的能源资源

鸡粪是厌氧发酵生产沼气的良好原料（每羽鸡排出的鸡粪可产生沼气 6.5~13 升/天），含水率在 30% 以下的垫料平养或高床笼养鸡粪可以直接作为专门燃烧鸡粪的锅炉燃料。

二、死鸡的处理与资源化利用

在养鸡生产中死鸡是不可避免的，正常情况下肉仔鸡的日死亡率为 0.1%~0.25%，肉种鸡的日死亡率也在 0.02%~0.05%，暴群或暴发疫情时死亡率会更高，所以处理好死鸡是控制环境污染、防止疫病传播的重要工作。

（一）死鸡处理

1. 坑埋

将死鸡深坑掩埋是传统的处理死鸡方法之一。一般每万羽肉鸡饲养量需配备 2.7 米^3 深坑，深坑应用混凝土浇筑或红砖砌成长方体或圆柱体（周围墙体上可以开些小洞），深 2 米以上，坑底可直接为土壤，坑盖采用能承重的混凝土钢筋预制板，板上留 2 个以上的圆孔并套上 PVC 管，联通坑内外，作为死鸡投入通道，平时要把上端管口用不透水、可揭开的顶帽严密盖住。

优点：挖死鸡坑成本较低，而且产生的臭味较少。

缺点：死鸡坑有可能成为疾病来源，要求有适当的排水系统。因此现在有些国家禁止使用坑埋了。

2. 焚烧

以煤或油为燃料，在专用的高温焚烧炉内将死鸡烧成灰烬。

优点：如果适当维护地面，焚烧处理不会对地下水造成污染或不会与其他鸡群造成交叉污染。仅有很少的副产物需要处理。

缺点：这种处理方法成本比较高，可能会造成空气污染。很多地方由于空气污染法规限制了该方法的使用。

3. 化制

将死鸡运输到病死动物尸体无害化处理中心进行化制处理。这可能成为不久的将来唯一被允许的死鸡处理方式。

优点：不在鸡场处理死鸡，投资成本最小，对环境产生的污染也最小。对死鸡处理后所制成产品可以循环再利用或转变成其他材料，包括适合于其他动物的饲料原料。

缺点：为防止发酵，储藏期间需要冷藏设施。也需要严格的生物安全措施防止疾病通过运输人员由化制厂或其他鸡场进行传播。

（二）死鸡的资源化利用

1. 堆肥处理转化为有机肥

堆肥处理是当前现场处理死鸡的首选。在作死鸡与鸡粪的混合堆肥发酵处理时，一般重量比为死鸡：鸡粪：秸秆＝10：20：1，采用分层堆积（首先在主发酵室的水泥地面上铺上 30 厘米厚的一层鸡粪，加上一层 20 厘米厚的秸秆，再按比例逐层放上死鸡、鸡粪、秸秆，死鸡层还要加入适量的水。三种物质三层为 1 组，可以按顺序放入多组混合发酵物。最后一组放完后，顶层加上双层鸡粪）二阶段发酵法（10：30 天），经 40 天左右发酵完成，死鸡与鸡粪等转化为有机腐殖质肥。

2. 饲料化处理转化为优质蛋白饲料

把死鸡放入蒸煮干燥机中通过高温高压处理后，干燥、粉碎，成为粗蛋白达 60％的肉骨粉，是家畜和鱼的高蛋白优质饲料。

三、孵化废弃物的处理与资源化利用

孵化废弃物是在鸡的孵化过程中产生的残次雏鸡和异性个体、蛋壳、毛蛋（中后期死亡的胚胎）、血蛋（早期死亡的胚胎）和白蛋（未受精蛋）等混合物。孵化废弃物水分含量高、有强烈的异味、容易腐败、本身携带大量微生物，又是微生物成倍增殖的培养基，因此处理不当将对环境、对人类、对动物生产贻害无穷，无害化处理势在必行。

孵化废弃物含粗蛋白 35.49％、乙醚抽提物 11.43％、粗纤维 6.37％、灰分 25.40％、无氮浸出物 21.31％、钙 20.6％，所以经高温消毒、干燥等适当处理后，可以制成粉状饲料，代替肉骨粉或豆粕饲养畜禽。现将孵化废弃物的处理与资源化利用方法归纳如下：

1. 祛臭：即应用化学方法降低臭味，可采用甲基溴化物和乙烯氧化物等气体消毒法。缺点是当废弃物湿度高及贮存温度低时处理效率太低；且这 2 种药物容易残留引起蓄积中毒。

2. 干燥：应用湿热法降低孵化废弃物的水分含量，把孵化废弃物置入专用装载容器中在 107.2℃ 条件下蒸煮 2.5～10 小时，碾碎后在 80℃ 条件下加热、干燥约 30 分钟，使得最终产品的水分达到 5%。缺点是这项技术需较高的资金投入和燃料消耗。

3. 消毒：对孵化废弃物高压消毒应在干物质未达到 92% 之前进行，并预先碾碎处理好并与 0.02%BHA 或 2，6 - 二叔丁基叔丁基对甲酚混合以进行适当的防护。

4. 青贮：将孵化废弃物、优质饲料糖蜜和碎玉米以 10∶1∶1 的比例混合青贮 14 天。

5. 发酵：将废弃物碾碎与植物型乳酸杆菌及粪链球菌混合发酵 21 天。可杀灭嗜氧菌。

6. 直接加工成家禽饲料：将 5% 玉米、17% 豆粕、0.15% 丙酸和 77.85% 孵化废弃物，或将 25% 碎玉米、75% 孵化废弃物，或将 25% 大豆粕、75% 孵化废弃物混合投入孔径 9 毫米、转速 550 转/分、出料率 819 千克/时的挤压机（挤压点处的温度 148～160℃）内进行调配，挤压后终产品饲喂家禽。

7. 对于有存活胚胎、残次雏鸡和异性个体的孵化废弃物应先用氯仿杀死，然后放入粉碎机内整批粉碎并与碎玉米以 1∶3 的比例混合 5 分钟。这种混合物含粗蛋白约 16%，可用作家禽的能量饲料。

第七章　肉鸡场生产经营管理与加工销售操作流程

　　生产经营，是指生产主体在国家许可的范围内，面对市场的需要，围绕本主体产品的投入、产出、销售、分配乃至保持简单再生产或实现扩大再生产所开展的各种有组织的活动的总称。经营的重点是宏观决策，是解决生产主体的目标和生产方向等根本性问题，是经济效益，是各项工作的有机整体，是一个系统。

　　生产管理，是指生产主体根据生产经营的目标，对生产总过程的经济活动进行计划、组织指挥、调节控制、监督协调等工作。管理的重点是微观调控，是解决怎样组织和怎样实现目标的问题，是工作效率。

第一节　生产经营管理

一、生产经营决策

　　1. 以市场为导向，根据市场状况及其发展趋势来决定饲养什么品种的肉鸡、生产多少数量肉鸡、如何组织生产。例如中国特别是"二湖二广"等南方居民多数嗜食新鲜、颜色艳、风味浓、肌纤维韧性较强的鸡肉，那么新建肉鸡场、选择饲养肉鸡品种就要以这种需要为指导，走质量型发展之路，科学选址建设适度规模的黄羽肉鸡场，选择以矮脚黄、广西黄、三黄鸡等饲养期较长的肉鸡品种来充分满足和适用半径为 100~150 千米范围以内居民消费习惯。白羽肉鸡在我国主要是满足快餐业的消费群体，受经济下行和 H7N9 流感及食品安全事件（特别是 2014 年"福喜事件"）的影响，白羽鸡肉消费渠道被严重逼仄，产业链遭受主动和被动去产能的双重压力，发展节奏被打乱，必须采取订单式生产。

　　2. 以经济效益为中心，根据市场状况安排生产计划、进行生产的组织与控制、进行质量与成本的控制、展开产品营销等。如某大型农牧公司在

2013年面对"H7N9流感"的打击时，敏感地预见未来2~3个月的肉鸡市场必然低迷，果断地调整生产计划，扑杀了数十万羽1千克以内的中雏至中鸡，节约了饲料、人工等成本，减少了亏损，并为有效组织下个周期的生产奠定了良好基础（空栏消毒、净化）。

3. 牢记风险意识，创新经营模式，适度规模投资。根据目前肉鸡养殖现状，有效利用社会资金，股份制合作建场，或与国内大公司进行合作养殖建立适度规模的肉鸡养殖型家庭农场，是规避市场风险的理想投资模式。

二、生产经营组织

1. 亲情化管理　做到以人为本，友善沟通，尊重理解，信任协作，考勤激励，公平公正，知人善用，科学配岗，职责明确，以场为家。

2. 标准化管理　机构标准化，生活标准化，岗位标准化，培训标准化，工用具标准化，设施设备标准化，制度标准化，饲养管理标准化。

3. 数字化管理　生产计划数字化，生产组织管理数字化，生产过程实时数字化，养殖档案数字化，财务账目管理数字化，实物管理数字化。

4. 安全化管理　主要包括对肉鸡场生产管理人员安全（日常起居饮食安全、用电用气用煤安全、工作过程中安全）、设施设备安全（供电线路与用电设备、水线、料线和暖风炉、湿帘水泵、风机及其附属设施等的正确使用和保养）、生产安全（防风、防水、防火、防疫、防天敌危害和防盗）和产品安全（防药物残留和防有毒有害物质、微生物污染）的管理。

5. 机械化生产　为了彻底解决肉鸡场招工难、工资高、人员流动性大等突出的现实问题，提高肉鸡养殖效率与效益，建议在条件许可的前提下尽力在肉鸡养殖过程中提高机械化程度，能够使用机器完成的工作尽量不用人工，包括环境调控自动化、自动饮水、自动喂料、自动清粪与层叠式笼养等所有能够提高劳动效率和机械化程度的养鸡设施设备和新型养殖模式能够上马多少就应上马多少。

如某公司在2013年建成一个年出笼肉鸡200万只的层叠式自动化养殖示范鸡场。肉鸡层叠式自动化饲养工艺与传统的平养相比，不用垫料，鸡粪通过纵向清粪、横向传输后，直接将鸡粪送达鸡粪运输车辆或场区外进行无害化处理，养殖区域没有鸡粪污染、养殖环境良好。鸡舍清洗、消毒易、空舍期短、利用率高，年可出笼6~7批，年增加出笼1.0~1.5个批次。而且1人管理1栋鸡舍（1300米^2），一批可饲养出笼肉鸡3.36万羽以上，提高劳动效率（1万羽）2倍以上，减少鸡舍（2800米²）用地1倍以上。养殖效益明显提高，每出笼1羽鸡平均节约工资费 0.60−0.14＝0.46 元、节约保温费 0.56−0.16＝0.40 元、节约卫生保健费 1.55−0.50＝1.05 元、节约饲料 0.35 千克（1.12 元）、节约土地占用费 0.06−0.02＝0.04 元，综合效益每出笼1羽鸡节支增收 3.07 元。此外，由于实行了肉鸡机械出栏系统，解决了人工出栏抓鸡造成肉鸡腿部残次的问题。

第二节　肉鸡生产综合成本控制

　　生产成本核算就是把养鸡场生产产品所发生的各项费用，按用途、产品进行汇总、分配，计算出产品的实际总成本和单位产品成本的过程。生产成本核算是成本管理的重要组成部分，通过成本核算可以确定养鸡场在本期的实际成本水平，准确反映养鸡场生产经营的经济效益，以便为进一步改进管理、降低成本、增加盈利提供可靠的依据。

　　生产成本一般分为固定成本和可变成本两大类。固定成本由固定资产（鸡场场房、饲养设备运输工具、动力机械及生活设施等）折旧费、土地税、基建贷款利息和管理费用等组成。组成固定成本的各种费用必须按时支付，即使鸡场停产仍然要支付。可变成本是养鸡场在生产和流通过程中使用的资金及流动资金。其特征是只参加一次生产过程就被消耗掉，而且它随生产规模、产品产量而变化，如饲料、兽药、疫苗、燃料、水电、雇工工资等支出。

一、人工成本的控制

　　1. 完善考核制度，以合理的劳动报酬和科学的奖励措施稳定一支爱岗敬业的管理、饲养人员队伍，调动积极性，强化责任心，让他们自觉加强生产细节管理，减少各种浪费，降低饲养过程中的可变成本，进而提高产品产量，可减轻管理者的负担，增加投资者收入，相对控制了人工成本。

　　用制度管人管事。建立严格的规章制度和生产操作规程，完善各岗位的经济目标责任制和生产技术指标责任制，实现多劳多得，把员工的付出和报酬直接联系起来。首先要根据当地情况制定比较有吸引力的基本工资标准，破解招工难问题；其次要公开激励措施，让员工有盼头、志愿与生产主体"同祸福共生死"（每年增加工龄工资，每人每月增加 50～100 元。）绩效考核：生产工人每人每批奖金按照出栏总重量和肉料比计算；其三要经常留意工人的言行，了解他们生活和家庭的难处，采取人性化管理，多举办一些娱乐和体育活动，为他们多提供方便（如照顾好夫妻工生活）和解决后顾之忧（老人、孩子问题），单身职工每周可以回家 1～2 次等。这样员工就会持之以恒，善始善终，一丝不苟地按饲养管理的要求去做。

2. 尽量应用新技术、新设备、新工艺和先进的管理，提高自动化和专业化程度，在硬件和软件投入方面紧跟国际先进水平，减少各种人为不利因素影响，实现由数量型向质量型的转变，实现做大和做强同步走的战略措施，提高生产性能，发挥遗传潜力，推进产品品牌建设，赚取规模效益，就能显著降低生产成本。随着自动化设备增加，操作简单、方便、省力，每个员工的饲养量成倍增加，人工成本自然减少。

二、饲料成本的控制

饲料成本占养鸡成本的 60%～70%，因此，降低饲料成本，提高饲料报酬率是降低成本的主要措施。

1. 减少饲料浪费

（1）加强育雏管理，防止人为或鸡只扒耍而抛撒，减少育雏期饲料的直接或间接浪费。加强雏鸡的饲养管理，坚持"少加料、勤添料、不断料"的原则，每次加料量加到开食盘边缘高度的 1/4（料槽边高的 1/3），快要吃完时应及时添料，决不能断料"空盘"，避免因饲料过满或因饥饿而在添料时鸡群拥挤等造成饲料直接泼撒，减少雏鸡在光滑的开食盘上跌倒而关节脱臼被淘汰。

（2）及时更换合格喂料器，提高料桶高度，减少鸡只淘汰率。从第 3 天开始，逐渐用料桶撤换开食盘，到第 8 天全部换成料桶，此时将料桶的铁钩挂在料桶中间孔中，且将料桶上部用绳吊直，但料桶不离开平养网床面（地面）。到 15 日龄时，料桶的吊起高度标准是略低于鸡背。到 18～19 日龄时，将料桶的高度吊到与鸡背相平，一直到出笼。这样既能减少饲料撒落（包括啄食撒落）浪费，又能降低鸡趴着采食的概率，降低鸡腿病、胸囊肿的发生率，减少鸡只淘汰率。

（3）尽量使用先进的环境控制设施和饲喂饮水设备（有报道，使用乳头式饮水器与水槽相比每只鸡每天可节省 2～3 克饲料，以长流水方式供水使用水槽时槽内水深 1 厘米相比 2 厘米时节省饲料），加强饮水器（水槽）管理包括勤检查勤清理，及时发现变形漏水的饮水器并更换合格产品，防止泡湿饲料，发现已泡湿饲料立即清出改作他用。

　　（4）加强饲料贮运管理，要注意将饲料置于阴凉、干燥通风、防雨防晒、防虫蛀的地方，防止饲料受潮发霉变质，或被污染，或被其他动物（老鼠、野鸟等）盗食。确保减少鼠害浪费，一只老鼠一年可盗食饲料 9 千克，而且污染饲料，毁坏鸡舍的设备及用具，咬伤雏鸡及偷食鸡蛋等，给养鸡场（户）造成很大的损失，因此消灭老鼠也是节约饲料、降低成本的一个重要措施。

　　2. 适当限制饲养。在 4~21（甚至延长到 28）日龄采用限制饲养，直接减少雏鸡饲料供给量，减少肉鸡腹水综合征、鸡猝死综合征、腿病等死、病淘率。限饲的鸡群必须健康无病，发育良好；必须提供足够的饮水器与料槽位，且每次给料充足；控制好鸡舍内的环境（温度恒定、通风良好、湿度适宜、氧气含量充足）；增加多种维生素的饮水。减少鸡群应激；天亮前将空料桶加上料，避免因清晨鸡只抢料发生意外损伤；周末对鸡群定期称重（量为 5%），根据体重情况，决定下周用料；及时挑出淘汰病鸡。

　　3. 及时断喙，及时公母分群饲养（母鸡群中可以保留一定比例的公鸡），及时淘汰残、次等病弱鸡，及时出笼。

　　4. 合理调控鸡舍温度。在鸡群均匀度良好的情况下，保持 5%~10% 鸡群微张口比例为宜。这样可以使大部分鸡群在温度舒适区范围内。舍内温度太高或太低都不好。鸡舍温度太高，鸡群需要张口喘息来散发体内多余的热量，这会消耗一部分饲料能量，这部分能量就不能用于长肉。同时舍内温度过高，鸡群忙于散热保命，它会停止采食，这样会严重影响鸡群生长。那鸡舍温度过低会出现什么状况呢？抛开可能导致鸡群生病不谈，鸡舍内温度低于鸡舒适的范围后，鸡群为了维持体温正常，它会采食更多的饲料，这部分饲料不是用来长肉的，而是用于产生热量维持体温。长此以往，鸡群料肉比也会升高。

　　5. 严格选择优质品牌商品饲料或饲料原料。选择性价比合理的优质饲料能使鸡获得的各种营养成分全面而均衡，使用好品质的饲料也是降低生产成本的一个方面。

　　（1）制定合理饲料配方。根据鸡的不同阶段营养需要、原料的价格变化等，随时调整饲料配方，不仅价格较低，而且营养平衡，饲料转化率高，有的养鸡场使用的配方，不管原料的变化，很多年不变，造成饲料浪费。

　　（2）替代饲料。充分利用可消化氨基酸配合饲料的理论，选用各种质优价廉的动植物蛋白原料代替部分价格昂贵的鱼粉、豆粕，降低饲料成本。

（3）正确使用添加剂。饲料中还可适量添加复合防霉制剂、香味剂、抗热应激添加剂等，能显著提高饲料转化率。

三、消耗品成本的控制

（一）降低低值易耗品的成本

低值易耗品费用指低价值的工具、材料、劳保用品等易耗品的费用。

1. 塑料布。冬季用的塑料布，在春天来临时应用水洗净放好，冬天再用。

2. 炉具。严禁用酸、碱消毒液喷洒消毒，可熏蒸。将不用的烟筒扫净灰尘，将烟筒两头塞严，炉子擦净晾干用塑料袋罩上，放入工作贮存间。严禁放露天雨淋，以防腐蚀。

（二）降低用药成本

降低用药成本，还得看各养殖场的饲养管理水平。

1. 防治疫病要做到有的放矢，科学选购和正确使用兽药（含疫苗等生物制剂），切忌盲目用药或频繁更换治疗方案。

2. 坚持做药敏试验，寻找适合自己养殖场的敏感药物。对症下药，不滥用，不盲目使用药物。

3. 不使用抗病毒药物。得了病毒病，控制继发感染即可。还能做的就是改善鸡舍环境，提高管理水平。

4. 不使用通肾药和退热药，这些阻碍不了疾病的发展，努力改善鸡舍环境吧。

5. 不使用违禁和违规的药物，鸡群在医治时至出栏标准时如果发生很严重的非人畜共患疾病时，不建议再使用药物治疗，应安排尽快出栏上市。

（三）降低燃料成本

取暖费用、能量消耗也是肉鸡养殖可变成本中很大的一项，因此减少能量浪费是一个重要的改善净回报的方法，特别是冬季时节。我们既不能为了节省燃料，使鸡舍温度达不到目标要求，也不能通风设置不合理，人为增加供暖成本。以下措施可帮助你合理节省燃煤，降低供暖成本。

要降低燃料成本，必须做好鸡舍保温工作。应采取如下措施：

1. 封闭上下窗。上窗用双层塑料布钉上，使中间留下空气层。后窗用饲料编织袋或用白泡沫塑料钉上。底窗用砖、灰、泥封住，或钉双层塑料布或饲料袋。靠地面的塑料布边缘用泥或沙埋上，便于出鸡后冲刷鸡舍。

2. 鸡舍外墙保温处理后墙抹黄泥。在鸡场最后排的鸡舍的后墙可罩上塑料布，形成大棚的温室效应。

3. 鸡舍内温度控制。将鸡舍育雏间拉上顶棚，减少房顶散热。在舍内建火墙，既省煤又可保持气温的恒定。装炉子时，最好用粗烟筒，并在舍内与炉连接处加上一个烟筒，然后再将烟筒斜伸出鸡舍。

4. 控制好保温和通风的关系。换气扇通风原理为：负压通风，当鸡舍内空气混浊或缺氧时，打开电源开关，换气扇运转将舍内的粉尘、混浊气体抽出，舍内气压低而外界的气压高，新鲜空气从鸡舍的进气孔流入舍内。由于舍内的热气主要集中在鸡舍的顶部，这样冷热相结合，使新鲜气体对鸡群的应激相对小。鸡舍内的温度变化也不大，舍内的热量被重新利用了。

四、水电成本的控制

肉鸡场水电成本的控制主要依靠鸡场建设与设施设备、采用的饲养工艺流程等先天条件。当然勤检查也能控制一部分水电成本，如保持饮水槽平稳不漏水，或改用乳头饮水器。根据鸡龄大小及时更换灯泡功率，不可光照太强或延长光照时间。采用"间歇光照"技术，既可适应鸡的生长、生产规律，又可节约不少电。

以下措施可降低用电成本：①清洁风扇、百叶窗和纱窗，有助于降低风机工作时的静压。②用能效高的电动机代替使用时间过长的电动机。③进行日常清洁并保持合理使用湿帘，以降低隧道风机工作时的静压。④用能效高的灯泡代替白炽灯，鸡舍内的白炽灯更换为节能灯，在保证同等光照强度条件下，可以节省三分之二的用电功率。

五、固定资产投资成本的控制

建场投资的控制是提高肉鸡场经济效益的有效途径之一。近年新建的大棚结构式鸡舍就是一种很值得推广的模式。砖木结构的、钢构的、大棚结构的鸡舍每平方米的造价分别是 250~350 元、110~130 元、60~80 元，显然大棚结构式鸡舍每只鸡位的投资额就减少了，鸡舍建设成本回收年限就缩短至 1~1.5 年，综合效益显著提高。

第三节 肉鸡销售与品牌化

一、肉鸡的适时上市

鸡群适时上市直接关系到规模肉鸡场的养殖效益。不同品种的肉鸡上市日龄也不同，但同一品种的肉鸡要坚持全进全出。规模肉鸡场应根据所养商品肉鸡的品种、养殖周期、鸡群的生长速度（现代肉鸡的特点是早期生长速度快，母鸡在7周龄、公鸡在9周龄增重速度达到高峰，以后增重速度逐渐减慢）和市场行情（及时掌握市场行情，选择价格较高时及时出栏）等情况，做到适时上市，以便获得养殖效益的最大化。

二、肉鸡的运输

在长途运输过程中肉鸡较易出现饥饿、缺水、疲劳等应激，造成神经系统和呼吸道功能紊乱，引起机体营养物质大量消耗，肉鸡出现消瘦（体质量损失率0.8%～6%）、腿和翅膀的折断、皮肤和肌肉的创伤或淤血、贫血、免疫力下降，导致各类疾病的发生，产生水鸡肉，严重的则能引发死亡（0.5%～2%），从而带来重大经济损失。

1. 保证运输前肉鸡健康。一般在大量出笼启运前6～8天抽样（万只以下采30份血样，万只以上采样比例不得低于0.5%，若有多栋鸡舍，每栋鸡舍都要均匀采到血样）检测抗体水平和药物残留，检验合格后才可出笼。出笼时应选择肉鸡群精神良好，体质健康的装车运输，以保证畜禽产品的质量和安全。

2. 选择适当的运输环境。运输肉鸡应选择晴朗、风和日丽的天气；运输路线应地势平坦、畅通，避免人口密集环境嘈杂的路段；运输距离与时间应尽可能短。

多雨天气运鸡时，可适当在运输工具（车辆）上加盖防水帆布等遮挡物，以免肉鸡淋水，加重应激，造成更大的损失，但不能遮挡过于严密，以免通风不畅造成肉鸡因高温缺氧而大批死亡（闷死）。

夏（高温）季运鸡时，为了减少热应激，降低路途损耗，要经常给运输工具（车辆）和肉鸡浇水。

冬（寒冷）季运鸡时，为了防止冻死毛鸡，应注意运输保暖工作，运输时可用防寒材料将毛鸡运输车遮严，同时也要注意空气流通，防止闷死毛鸡。

3. 合理控制车速。运输肉鸡车辆应匀速行驶，避免频繁刹车和启动，车速应保持在 80～90 千米/时。

4. 合理装鸡密度。应根据肉鸡实际个体（体重）大小适当调整装鸡密度，以避免因密度过大造成不必要的损失，或是密度过小，增加了运输成本。一般笼高 22 厘米的肉鸡笼，装鸡密度为 250～360 厘米^2/（1.5～2.5 千克·羽）。

三、肉鸡的差异化品牌营销

差异化品牌营销就是对品牌内涵中区别于同一子市场中的其他品牌的产品标识、品牌形象、品牌价值和品牌文化等的加强和刻意提炼及运用的过程。我国肉鸡产品虽然产销量大，但具有品牌（2016 年十大消费者喜爱的鸡肉品牌："圣农"品牌、"六和"品牌、"尽美"品牌、"春雪"品牌、"凤祥"品牌、"华都"品牌、"九联"品牌、"大用"品牌、"永达"品牌、"德州"扒鸡）者少，更多的鲜活肉鸡没有自己的品牌。即使有品牌，其内涵也不一定充分，差异化也不明显突出。当今市场竞争异常激烈，肉鸡产品亟待实施差异化品牌营销以改变现状。

1. 品牌定位上的差异化

品牌定位是品牌推广的第一步，产品及服务是品牌的载体和根基，企业要取得差异化品牌营销的成功，必须向市场提供达到一定质量水平的经得起市场竞争的产品。对黄羽肉鸡产品的主要市场集中在我国南方和港澳地区，但随着电商、物流行业的快速发展，目前其市场向北延伸和扩展的势头已显现，目标客户主要是家庭消费、企事业单位食堂和酒店，其品牌定位首先应该突出高收入人群和高档餐饮、企事业消费者服务，然后逐渐向下缓慢延伸。对白羽肉鸡产品的目标客户主要是肯德基、麦当劳等快餐消费及分割产品出口，其品牌定位应该大众化、平民化、面向工薪阶层等。

品牌形象应该具有亲和力，要充分体现各品牌所在地的地方特色如风土人情、民风民俗、性格特征，特别是黄羽肉鸡是含有地方鸡种血统的本土品种，本身固有比较强的地域特征，树立的品牌形象最好能让人们感觉那似乎就是他们自己，亲切感自然油然而生。当然，树立品牌形象的最终目的是促销，那么对消费者进行消费诱导也不能忽略。还要设计出对目标受众有亲和力的品牌名字、直观视觉效果的品牌标志、简练深刻的广告语言等，强化品牌对消费者的价值所在，对目标人群发出有感召力的引导。

2. 概念上的差异化

产品日趋同质化的今天，品牌的竞争事实上是品牌核心点表述差异之间的竞争。要把差异化品牌营销的重点放在概念上，提出的品牌概念一定要新颖和有力度，品牌概念的核心表述一定要深刻、犀利。这样才能吸引目标受众的注意力，让他们感受到你与众不同，从而在众多品牌中脱颖而出。

品牌概念上的差异化，是你先想概念要表达什么，然后才是绞尽脑汁想如何表达。存在就是真理，你的品牌能生存下来，就一定有闪光点，只是你暂时还没有发现，还没有把它提炼出来。

3. 文化上的差异化

品牌文化是文化特质在品牌中的积淀，是品牌活动中所有关于文化的活动，是提升消费者忠诚度的最有力手段之一。品牌展示其所代表的文化特征，文化丰富品牌的内涵，有了文化支撑的品牌将走得更远，如麦当劳的快餐文化、星巴克的咖啡文化等。

文化的差异已经成为或正在成为影响重复购买率的重要法宝。因此，品牌在通过一系列文化差异化包装后，价值可迅速最大化。有的品牌也透过事件营销法（也叫故事营销法）融入自己独有的文化内涵来提升销售业绩。

4. 充分运用地名品牌

由地名而产生的品牌本身就有着强烈的排他差异性，如国家农产品地理标志，因而这种品牌在顾客心目中产生的差异则更为强烈。

5. 泛化和延伸上的差异化

品牌泛化和延伸的目的是利用品牌既有的优势，尽可能地扩大将来的市场。

肉鸡产品品牌泛化有 3 种形态。①在成功的品牌基础上泛化新的产品系列；②在成功的品牌基础上推出新的品牌；③从本行业品牌逐步泛化到其他行业品牌。

6. 对实施差异化品牌营销策略的风险规避

差异化品牌营销策略有营销成本过高的风险。实施差异化品牌营销策略，会使单位产品成本相对上升，在短期内达不到企业经营趋利性目的。

在一定区域内，使用同一品牌进行经营活动的企业或个人，应该摒弃彼此之间的成见共谋发展，以共有品牌资源为纽带组成经济资源联盟体，借鉴连锁经营的模式，统一经营硬件，如门店装修、风格等，各经营者在服务、人员素质等软件方面形成差异，共同维护品牌健康成长；而在各个品牌经营中又需要有能力、有魄力的领军人物和高素质的管理、技术人才。

四、肉鸡的互联网＋销售

肉鸡场应顺应时代发展的现实潮流，把握机遇，以农产品电子商务供应链体系建设为基础，积极建设农产品电子商务营销服务体系。以电子商务为手段，在肉鸡生产、加工、流通等环节，加强互联网技术应用和推广。一方面运用电子商务大数据引导肉鸡生产，另一方面运用多种电子商务营销手段，如微信营销、微博营销、手机 APP 营销、农产品垂直营销等，提高肉鸡产品的产业化、组织化程度，让更多优质、安全的肉鸡产品以便捷的方式、通畅的渠道进入市场，拓宽肉鸡产品市场。

农产品电子商务营销服务体系包括三个紧密联系、互相支持的平台：商城运营平台、自营供销平台和移动应用平台。与农产品电子商务供应链体系的溯源监管平台、物流管理平台、供应链管理平台等相结合共同完成肉鸡的互联网＋销售工作。

第四节　肉鸡的加工

一、肉鸡的集中屠宰和冷链配送以及生鲜上市

作为家禽业的重要组成部分，黄羽肉鸡目前已经占据我国肉鸡市场的半壁江山，并且是具有自主知识产权的品种，产业外延性和发展韧性很强，市场前景看好，但是黄羽肉鸡分散饲养、活禽上市、低水平重复的发展方式遭遇了严峻的挑战。随着全国范围内家禽"集中屠宰、冷链配送、生鲜上市"工作的推进，冰鲜鸡有望成为农贸市场、生鲜超市的日常食品，我国黄羽肉鸡以活鸡消费形式为主，这是多年的消费习惯和消费喜好使然，在我国冷鲜禽类产品的市场占比依然较小，消费者认知度有限。相关数据显示，目前冰鲜鸡在我国肉鸡消费中所占比重还很低，如 2013 年占肉鸡消费总量的 2%～2.5%，占整个禽肉消费总量的 1.5%～2%。对于众多家庭消费者来说，冰鲜鸡还是个新鲜事物。但是，消费习惯也不是一成不变的，从世界发达国家来看，活禽是不进入零售环节的，市场上销售的

禽类产品，都是经过政府认定的屠宰场宰杀后，以冰鲜品的形式在零售市场出售的，这样有助于控制人畜共患病的发生、传播和扩大的风险。

随着人们生活方式、消费方式、购物方式的不断改变，尤其是互联网的快速发展，网购等新业态对大家的消费习惯改变很大，受此影响，禽产品的消费习惯也出现了明显的变化。而近年来人感染 H7N9 流感事件的发生，使严重依赖活禽交易的黄羽肉鸡行业遭受惨重的损失，暴露了传统活禽交易模式的弊端，倒逼产业转型，客观上加快了黄羽肉鸡冰鲜上市的步伐。当家禽业遭遇公共卫生事件后，全国各地对活禽市场的管制逐渐加强，减少活禽交易，并向冰鲜、冻品、深加工产品上市方向转型的大趋势显而易见。正因如此，国家提出要推行家禽"集中屠宰、冷链配送、生鲜上市"工作，其根本目的就是预防和控制传染病的发生和传播，保障公众的健康和公共卫生安全。为此，加强政策引导，转变消费观念，降低活禽消费比例，提高冰鲜产品消费比例，大力提倡冰鲜鸡消费是大势所趋。

生鲜形势下，活禽转屠宰已成必然，有能力的企业或自建屠宰厂，或相互结盟共建屠宰厂。从大的方面分，肉鸡屠宰加工的工艺流程主要分为4 个区域，即前处理区、中拔区、预冷区及分割包装区。其工艺流程如下：毛鸡上挂→镇静→电晕→宰杀→沥血→浸烫→脱毛→净膛→预冷→分割→包装。随着屠宰工艺和设备的进步，越来越多的步骤开始自动化。前处理区是指肉鸡从运鸡车上卸下至鸡毛被打净的处理区域。其工艺流程如下：分笼→挂鸡→镇静→电晕→宰杀→沥血→浸烫→脱毛→切爪（下挂）。

二、鸡肉制品加工

进入 21 世纪，市场经济的浪潮袭击着我们生活的每个角落，农民早已改变了传统的农耕观念，不再固守自己的"一亩三分地"，纷纷开始探索自己的致富之路，人们对副业也越来越重视。目前，单纯的鲜活销售存在着不易存储、不易运输、死亡率高、容易感染等缺点，已不能满足市场需求，而且制约了肉鸡业向专业化、规模化发展。因此，家禽产品的系列化深加工是养殖业向专业化、规模化和集约化发展的必经之路。家禽产品的深加工能够给农民带来更大的效益。

随着生活水平的提高，人们对吃越来越讲究，要求也越来越高。其中对鸡肉的要求由原来的味道好就可以，转变成鸡肉口感要好、营养价值要高等诸多方面，这些要求更需要深加工技术的不断提高。

鸡肉属于营养保健肉类，鸡肉制品越来越受到人们的喜爱。我国具有烹制鸡肉菜肴和加工传统鸡肉制品的悠久历史。统计表明，各种鸡的菜谱有千余种，传统鸡肉名产制品也有上百种。劳动人民在长期生产实践中总结出了独特的鸡肉制品深加工方法，开发出风味各异的传统产品。

我国有很多地方有肉用或肉蛋兼用的黄鸡品种，如南方的惠阳胡须鸡、清远麻鸡、杏花鸡和田鸡等，北方地区有北京油鸡、固始鸡等，在黄羽肉鸡生产地，除生产活鸡外，还将肉鸡加工成烧鸡、扒鸡等，这些产品以色味俱全、肉质鲜美而闻名。为此，谨推荐几种驰名中外的传统鸡肉制品。

（一）道口烧鸡

道口烧鸡始于清朝顺治十八年（公元1661年）时，河南省滑县道口镇"义兴张"创始。该产品造型优美，皮色鲜艳，熟烂适中，肉茬整齐，骨酥可嚼，五香酥软，肥而不腻，回味浓郁，驰名中外，携带方便，1981年获商业部优质产品奖。

（二）德州扒鸡

扒鸡是用扒火慢焖至熟烂，故称扒鸡。该产品颜色金黄，皮微红，肉质粉白，油而不腻，五香脱骨，质嫩味美，风味独特，是佐餐下酒的佳肴。我国各地均有生产，相传已有数百年生产史，成名于1905年山东德州市"宝兰斋"饭庄，至1911年正式生产具有独特风味的五香脱骨扒鸡。

（三）符离集烧鸡

符离集烧鸡是安徽省宿县符离集烧鸡加工厂生产的传统名产，已有近百年历史。它的前身叫"红曲鸡"。制作时，将鸡宰杀，去爪去膀，煮熟后涂上一种色素，即为红曲鸡。后经不断改进，才形成目前的加工工艺。符离集烧鸡具有加工精细，选型对称，香气浓郁，肉质鲜嫩，肉烂骨脱，烂而不破，肥而不腻，不咸不淡，色佳味美，南北适口等特点。

（四）琵琶腊鸡

琵琶腊鸡成品外形酷似琵琶，色泽美观，肉质细腻，咸淡适宜，芳香可口，味道鲜美，是冬令的滋补佳品，馈赠亲友的高档礼品。

（五）脆皮鸡

脆皮鸡为粤菜之一，经过两道工序，才能制作成菜式。先用白卤水将炸至菜式的原料浸熟，再涂上麦芽糖浆，晾干（约2小时）后，再用油炸至大红色。著名菜品还有"二脆皮炸鸡""脆皮炸双鸽"等。产品特色：色泽鲜艳，皮脆肉嫩，香酥可口，是宴席上的佳肴。

（六）醉鸡

醉鸡是江浙地区的传统名菜，属于浙菜系。酒香浓浓，浸着滑嫩的鸡肉，人和鸡都醉了，又被花椒的香麻唤醒。醉鸡鸡肉肥嫩油润，香糟芬芳扑鼻。只要鸡1只，葱2根，姜4片，水2杯，盐1大匙，绍兴酒2瓶便可烹饪。

醉鸡以黄酒、绍兴酒作为基本调料，不但能去腥、解腻、添香、发色、增鲜，而且还具备了容易消化吸收的特点。因此，醉鸡成了独具风味的江浙名菜。

（七）鸡肉火腿

1. 鸡脯肉切小丁，葱切小段，生姜切碎。

2. 把鸡脯肉放料理机里打成肉泥。

3. 把葱、生姜、蛋清放进去。

4. 放适量的盐、鸡精、胡椒粉、蚝油、料酒、生抽，搅拌均匀。

5. 放入淀粉搅拌均匀。

6. 用筷子朝一个方向不停地搅拌上劲。

7. 在锡纸上刷一层油。

8. 把肉放进去，弄成一条，卷起来，再把两边拧紧。冷水上锅蒸30分钟左右。

9. 蒸好后不烫手时撕开锡纸，用刀切片。